中国－东盟环境合作

创新与绿色发展

中国－东盟环境保护合作中心 广西壮族自治区环保厅 ◎ 编著

中国环境科学出版社 · 北京

图书在版编目（CIP）数据

中国-东盟环境合作——创新与绿色发展/中国-东盟环境保护合作中心，广西壮族自治区环保厅编著. —北京：中国环境科学出版社，2012.3
ISBN 978-7-5111-0915-6

Ⅰ. ①中… Ⅱ. ①中…②广… Ⅲ. ①区域环境－国际合作－中国、东南亚国家联盟 Ⅳ. ①X321

中国版本图书馆 CIP 数据核字（2012）第 030713 号

责任编辑 黄 颖
文字加工 郭 慧
责任校对 尹 芳
封面设计 彭 杉

出版发行 中国环境科学出版社
（100062 北京东城区广渠门内大街 16 号）
网 址：http://www.cesp.com.cn
电子邮箱：bjgl@cesp.com.cn
联系电话：010-67112765（编辑管理部）
010-67175507（科技标准图书出版中心）
发行热线：010-67125803，010-67113405（传真）
印装质量热线：010-67113404
印 刷 北京市联华印刷厂
经 销 各地新华书店
版 次 2012 年 5 月第 1 版
印 次 2012 年 5 月第 1 次印刷
开 本 787×1092 1/16
印 张 10
字 数 200 千字
定 价 28.00 元

《中国–东盟环境合作
——创新与绿色发展》

编　委　会

前 言

2011年10月22日，“中国-东盟环保合作论坛2011：创新与绿色发展”在广西南宁举办。论坛由广西壮族自治区人民政府和环境保护部联合主办，东盟秘书处提供支持，广西壮族自治区环境保护厅与中国-东盟环境保护合作中心（以下简称东盟中心）承办，中国-东盟博览会秘书处协办。环境保护部副部长李干杰、广西壮族自治区人民政府副主席林念修和政协副主席李彬、东盟副秘书长米斯然·卡尔梅、亚洲开发银行副行长宾度·罗哈尼、柬埔寨环境部国务秘书尹金申等国内、外重要嘉宾，联合国环境规划署、联合国亚太经社会、亚洲开发银行、美国环保协会等国际机构的代表，以及中国和东盟各国的官员、专家和企业界代表共计200余人出席了论坛。

2011年是中国-东盟建立对话关系20周年，第八届“中国-东盟博览会”以环保合作为主题，反映了环保合作日益成为双方重点关注的合作内容，具有十分重要的意义。论坛以“创新与绿色发展”为主题，围绕环境保护的国家政策、绿色和环保产业创新实践与经验，以及中国-东盟绿色发展与合作前景几个主要议题，开展讨论与交流，就推进中国-东盟在环保领域特别是绿色产业领域的合作，促进区域可持续发展达成了共识，并提出了相关合作建议，包括：积极落实《中国-东盟环境保护合作战略》，实施好《中国-东盟环境合作行动计划》，推进绿色发展、绿色科技创新的交流与合作；以环境标志产品认证、低碳产品认证、政府绿色采购为重要合作领域，共同引导公众消费模式向资源节约型、环境友好型、清洁低碳型转变等。

本书在论坛发言和讨论的基础上整理编写而成，旨在与广大的读者分享论坛成果，了解中国-东盟环境保护合作进程，从而更好地支持和推进中国与东盟环境保护合作工作，促进区域可持续发展。

编委会

2012年1月

推动环保创新，共促绿色发展

（代序一）①

李干杰

当今世界，走绿色发展道路已经成为一个重要的趋势与共识。人类在进入工业社会之后，发展的步伐可以说是超过了任何一个时代。当人们在享受经济增长成就的同时，也不得不面对日益突出的资源和环境问题。几十年来，国际社会为化解这个矛盾、探索可持续发展，付出了艰辛的努力。

进入21世纪，特别是近年来，许多国家把发展绿色经济作为推动经济结构调整的重要举措，特别是在应对当前金融危机、气候变化、资源与环境问题的挑战中，在应对政策上都更加突出绿色的理念和内涵，以此来谋划后危机时代的发展。2012年即将在巴西里约热内卢召开的联合国可持续发展大会，对于促进全球可持续发展是具有里程碑意义的重要时刻，其核心议题之一就是大力发展绿色经济，走绿色发展道路。

中国政府历来高度重视环境保护，把环境保护作为一项基本国策，把可持续发展作为国家战略。进入21世纪，中国政府把环境保护摆在了更加突出的位置，提出建设生态文明、推进历史性转变、建设资源节约型和环境友好型社会，让江河湖泊休养生息，积极探索环保新道路，把节能减排明确为国民经济和社会发展规划的约束性指标等一系列重大战略思想和政策举措，着力解决影响科学发展和损害群众健康的突出环境问题，环境保护成效不断显现，主要表现在以下四个方面：

第一，主要污染物减排任务超额完成。截至2010年底，二氧化硫、化学需氧量排放量分别比2005年下降14.29%和12.45%，双双超额完成10%的减排任务。“十一五”期间，累计建成运行5.78亿kW燃煤电厂脱硫设施，全国燃煤电厂脱硫机组比例从2005年的12%提高到82.6%；新增污水处理能力超过6 000万t/d，全国城市污水处理率由2005年的52%提高到77%。

第二，环境保护优化经济发展和保障改善民生的作用日益显现。“十一五”期间，环保部对不符合要求的822个项目环评文件作出不予受理、不予审批或暂缓审批等决定，涉及投资近3.2万亿元，给“两高一资”、低水平重复建设和产能过剩项目设

① 环境保护部李干杰副部长2011年10月22日在“中国-东盟环保合作论坛2011：创新与绿色发展”上的开幕致辞，有所删改。

置了不可逾越的“防火墙”。

第三，重点流域区域污染防治力度不断加大。我国全面建立了重点流域跨省界断面水质考核制度。考核结果显示，截至2010年底，列入规划的治污项目完成87.1%，80.9%的考核断面水质达标。比“十五”重点流域规划项目完成率提高22.8个百分点。探索建立区域大气污染联防联控新机制，圆满完成北京奥运会、上海世博会、广州亚运会空气质量保障任务。

第四，环境质量持续改善。2010年，全国地表水国控断面高锰酸盐指数平均浓度比2005年下降31.9%。七大水系国控断面好于III类水质的比例由2005年的41%提高到59.9%。全国城市空气中二氧化硫年均浓度比2005年下降19%，环保重点城市空气二氧化硫年均浓度比2005年下降26.3%。

作为指导中国未来五年经济社会发展的战略性文件，2011年中国政府出台了《国民经济和社会发展第十二个五年规划纲要》，它是中国绿色发展思路的集中体现，体现了中国发展战略的整体优化。

首先，“十二五”规划纲要中，提出了“绿色发展”的概念，体现了贯彻落实科学发展的决心与信心。绿色发展不仅关乎未来五年中国的前行步伐，也将为国家长期可持续发展奠定基础。规划纲要明确要求：面对日趋强化的资源环境约束，必须增强危机意识，树立绿色、低碳发展理念，以节能减排为重点，健全激励与约束机制，加快构建资源节约、环境友好的生产方式和消费模式，增强可持续发展能力，提高生态文明水平。

其次，明确了绿色发展的目标和激励约束机制，提出了绿色发展的重要支撑。规划规定，到2015年单位工业增加值用水量将比“十一五”末期水平降低30%，非化石能源占一次性能源消费比重达到11.4%，化学需氧量、二氧化硫排放分别减少8%，氨氮、氮氧化物排放分别减少10%。实现这些约束性指标，必须走绿色发展的道路。而积极应对全球气候变化、加强资源节约和管理、大力发展循环经济、加大环境保护力度、促进生态保护和修复、加强水利和防灾减灾体系建设六大绿色发展支柱建设则是实现资源环境约束性指标的保障，为中国的绿色发展奠定了坚实的基础。

最后，提出了生态安全战略，全面构建可持续生产与消费体系。绿色发展之路关乎百姓福祉，关乎国家发展的持久性。而绿色发展不仅是技术和经济的概念，也是社会概念，我们要同时在生产方式和生活方式上实现绿色化，即推行可持续的生产方式，健全资源循环利用回收体系，推广绿色消费模式，这是增强可持续发展能力的必经之路。

“十二五”是中国环保事业充满希望的5年，也是攻坚克难的关键时期。中国将紧紧围绕科学发展的主题、转变经济发展的主线和提高生态文明水平的新要求，统筹排污总量削减、环境质量改善、环境风险防范和城乡均衡发展的关系，以改革为动力，以解决影响科学发展和损害群众健康的突出环境问题为重点，探索走出一条代价小、效益好、排放低、可持续的环保新道路。中国将站在战略的高度，把握核心，抓住关键，重点解决好难点和热点问题。

第一，立足战略高度，积极探索环保新道路，不断提高生态文明水平，大力建设资源节约型和环境友好型社会。

第二，突破难点，推进环境保护与经济发展相协调、相融合。以环境容量优化区域布局，以环境管理优化产业结构，以环境成本优化增长方式，推动绿色发展。

第三，抓住重点，确保科学发展和保障改善民生取得显著进步。着力解决影响科学发展和损害群众健康的突出环境问题。

第四，关注热点，进一步加大污染减排工作力度。污染减排是"十二五"环保工作的亮点，也是"十二五"社会关注的热点。中国将把结构减排放在更加突出的位置，继续加强工程减排和管理减排。

中国与东盟国家山水相连，大多数属于发展中国家和新兴工业化国家，在环境与发展领域面临许多共同挑战。推动区域经济社会环境相互协调融合，实现区域可持续发展，一直是中国-东盟对话与合作的主旋律。

自 2002 年 11 月，第六次中国-东盟领导人会议签署《中国与东盟全面经济合作框架协议》明确提出鼓励开展环境合作以来，已经过去了十年时间。十年来，在双方的共同努力下，中国-东盟环境合作稳步推进，取得了丰硕的成果。2007 年第十一次中国-东盟领导人会议上，温家宝总理提出："我们愿同东盟探讨制订中国-东盟环境保护合作战略，建立中国-东盟环境保护合作中心。"这一年，环境保护被列为中国-东盟领导人会议机制下第十一个重点合作领域。为落实领导人倡议，2009 年中国环境保护部与东盟国家联合编制完成了《中国-东盟环境保护合作战略（2009—2015）》。2010 年 3 月经中国政府批准，环境保护部正式成立了中国-东盟环境保护合作中心。2010 年 10 月 29 日在越南河内召开的第十三次中国-东盟领导人会议上发表了《中国和东盟领导人关于可持续发展的联合声明》，双方宣布"支持发挥中国-东盟环保合作中心的作用，积极落实《中国-东盟环保合作战略（2009—2015）》"，领导人会议精神为中国-东盟环境合作指明了战略方向。

2011 年是中国-东盟建立对话关系 20 周年，对于进一步深化双方合作具有重要意义。今年 5 月，中国-东盟环境保护合作中心正式启动，成为双方推动环境保护务实合作的重要平台与桥梁。为落实"中国-东盟环保合作战略"，在东盟秘书处和东盟十国的积极配合下，今年，双方共同制定了《中国-东盟环境合作行动计划（2011—2013）》。

目前，以中国-东盟环境保护合作中心为平台支撑，双方在环境保护领域的政策与技术交流、能力建设等方面的合作获得了有效推动并取得了积极成效。为帮助东盟国家提高环境管理和治理能力，中国计划向部分东盟国家赠送一批水质和大气快速检测设备。即将启动的中国-东盟绿色使者计划也将成为双方合作的亮点。

以此为基础，相信中国与东盟各国的环境与发展合作将进入共促绿色发展创新、共享绿色发展利益的新阶段。通过环境与发展领域的合作促进本地区的稳定与繁荣，已达成为双方的共识。展望未来，中国与东盟各国的环境与发展合作重点将是：促进绿色发展，创新合作模式，完善合作机制。我对下一步加强中国-东盟环境保护合作提三点建议和希望。

第一，积极落实《中国-东盟环境保护合作战略》，实施好《中国-东盟环境合作行动计划》，共同促进绿色发展。中国-东盟环境保护合作战略已明确了双方合作的指导思想、战略目标和优先领域，根据《中国-东盟环境合作行动计划》，推动务实合作，促进绿色发展。并充分结合中国-东盟自贸区的活动，促进中国-东盟环保产业市场的发展，加强环境产品与环境服务的流动，促使其在经济合作中扮演更为重要的角色。

第二，不断创新合作模式，丰富合作内涵。扎实推进在环境无害化技术、环境标志与清洁生产等方面的合作，推动可持续生产与消费领域对话；积极开展环境合作示范项目，加强区域环境能力建设，搭建“中国-东盟环境合作示范平台”；通过政府、企业和社会等多层面交流，促进公众环境意识提高，不断丰富合作内涵，将对创新区域合作产生积极的效果与推动作用。

第三，完善环境合作机制，为绿色发展注入新的动力。双方应进一步推动中国-东盟环境合作在区域环境合作中发挥更为积极的影响与示范作用，将中国-东盟环境保护合作中心建设为开放的平台和示范的窗口，通过推动实施中国-东盟绿色使者计划，促进人员交流、加强环境保护能力建设，加强双方在全球和区域环境问题上的对话与合作，共同促进绿色发展。

我希望各位代表充分利用好本次环境合作论坛的机会，围绕主题，广泛交流、深入研讨，汇集各方面的智慧，为实现人与自然和谐、推动绿色发展作出贡献。同时希望双方以过去 10 年的良好合作为契机，丰富合作内涵，创新合作理念，不断为中国-东盟环境合作注入新活力，力争把中国-东盟环境合作创建成为区域环境合作的典范，共创更加美好和谐的未来。

生态立区，绿色发展

（代序二）①

林念修

“创新与绿色发展”体现了当今世界最新的发展理念和时代的主旋律。近年来，由于一些不可持续的发展方式，造成人类生存和发展面临的资源环境制约日趋明显，环境与发展的矛盾越来越突出。环境问题是在发展中产生的，必须通过发展来解决，根本之策在于改变目前过度依赖增加物质资源消耗获取GDP增长的传统发展模式，走绿色发展之路，努力实现发展方式由粗放型向集约高效型、创新驱动型、资源节约型和环境友好型转变。

基于对传统发展模式的深刻反思，广西提出并坚持“生态立区、绿色发展”的战略思路和发展理念，牢固树立良好生态是资源优势、是核心品牌、是发展竞争力的价值观。2006年广西壮族自治区做出了建设生态广西的重大决策，2010年初，为树立开放合作新形象、提升广西发展优势和竞争力，自治区党委、政府又作出了推进生态文明示范区建设的重要决定。从推进生态广西建设，上升到把广西建设成为全国生态文明示范区，体现了我们以崭新的发展理念，积极探索具有广西特色的绿色发展新道路的意愿和决心。

第一，致力于构建经济资源相协调的科学发展之区。近年来，广西坚持以规划为先导，努力将环境保护融入经济社会发展的各个领域统筹决策和推进，先后制定了广西主体功能区规划、生态功能区划、海洋功能区划、海洋环境保护规划以及广西北部湾经济区、西江经济带、桂西资源富集区等发展规划，加快构建人口经济资源环境相互协调，公共服务和人民生活水平差距不断缩小的区域协调发展格局，推进环境保护与经济发展。过去的5年，广西地区生产总值年均增长13.9%，全社会固定资产投资年均增长34.7%，财政收入年均增长20.9%，人均地区生产总值等12项主要经济指标实现了翻番。在经济平稳较快发展的同时，保持了良好的生态环境，可持续发展能力明显增强。

第二，致力于构建生态产业发达的生态经济之区。广西大力发展循环、低碳型工业，加快传统产业的生态化改造和升级，加快淘汰高能耗、高污染落后产能。生

① 广西壮族自治区副主席林念修2011年10月22日在“中国-东盟环保合作论坛2011：创新与绿色发展”上的开幕致辞，有所删改。

态工业方面，广西循环经济在全国处于领先地位，治污取得重大突破。广西每年产糖量约占全国总产量的2/3，全区100余家糖厂的污水治理设施全部建成并投入运营，外排污水全部达标，制糖业成为全国实现全行业治污的典型。广西是有色金属之乡，全区有电解锰企业35家，近年来共投入两亿多元开展电解锰行业污染专项整治。生态农业方面，早在20世纪80年代，广西就创造了举世瞩目的“养殖+沼气+种植”三位一体的生态农业模式，现在我们正在大力推广生态循环农业模式和实用技术，实现农业废弃物的资源化和产业化，建立一批适应国内外市场需求的无公害农产品、绿色食品、有机食品生产基地。新兴产业方面，积极发展新能源、新材料、节能环保、生物医药、电子信息等新兴产业，形成一批绿色经济新的增长点。

第三，致力于构建生态屏障坚实的优质环境之区。广西地处江河上游和边境海疆，保护生态环境不仅关系自身发展，也关系到下游地区和周边国家。近年来，在环境保护部的指导和支持下，广西积极参与了“扭转南中国海与泰国湾环境退化趋势项目”和“大湄公河次区域环境合作项目”的实施，认真履行所承担的义务，积极采取强有力的措施，全面完成了节能减排任务。过去的五年，万元工业增加值能耗大幅降低，规模以上工业万元工业增加值能耗年均下降8.8%；化学需氧量、二氧化硫排放量分别下降12.4%、11.6%；建成投运109个城镇污水处理设施和80个生活垃圾处理实施，成为中国第9个、西部地区第2个县建成污水处理设施的省区，城镇污水集中处理率和生活垃圾无害化处理率分别达到60%和61.8%以上；14个设区城市环境空气质量优良天数比例达到98.8%，河流水质达标率为96.9%，近岸海域水质稳定。我们坚持不懈地保护独特的生态优势，自然保护区总数达到78个，面积约占国土面积的6.17%。自治区营造林面积达到114.2万 hm^2，森林蓄积量达6亿 m^3，森林覆盖率达到58%，位于全国第四位。

第四，致力于构建自然人文融合的和谐人居之区。在全社会广泛开展人口资源环境国情区情教育和生态科普教育，不断提高全区人民的生态文明意识和素养。坚持可持续的城镇化发展理念，建设生态良好的城镇体系。南宁市以建设生态南宁和现代化宜居城市为主线，环境质量稳步改善，继2007年荣获联合国人居奖之后，2009年又获得第六届中华宝钢环境奖。工业重镇柳州市坚持做好“工业重镇、山水城市”的文章，走出一条工业强、山水美、环境好的发展之路，穿城而过的百里柳江始终保持着“进城清出城也清”的状态，继续保持国家地表水Ⅲ类水质标准，部分河段达到Ⅱ类水质标准，获得中国人居范例奖。桂林市获得国家环保模范城市称号。我们大力推进农村环境综合整治，积极创建环境优美乡镇、生态文明示范村。全区已实施90个农村环境综合整治示范项目及12个农村面源污染治理示范点。全区共建成沼气池371万座，入户率达46.4%，居全国第一。建成72个生态农业村。由于加大生态保护和建设力度，加强城乡环境综合整治，构筑生态安全屏障，全区城乡人居环境质量明显提升。

当前，广西已经进入全面建设小康社会的关键时期，正在加快实施“富民强桂”

新跨越战略，随着工业化、城镇化加速推进，能源资源刚性需求不断增加，资源环境矛盾日益突出。转变发展方式、实现绿色发展，显得尤为重要和迫切，需要为之作出长期、艰苦的努力。

第一，继续坚持绿色发展战略。严格按照主体功能定位推进发展，重点优化北部湾经济区、桂西资源富集区和西江黄金水道的产业布局和结构升级。实施区域环境保护总体战略，推进区域之间、城乡之间环境基本公共服务均等化。坚持环境优先，走生产发展、生活富裕、生态良好的可持续发展之路，在更高层次上实现人与自然的和谐。正确处理经济发展与资源环境保护的关系、生态建设与产业发展的关系，实现发展更科学、环境更优质、社会更和谐。

第二，大力推动发展方式转变。推动实施工业循环经济发展规划，大力发展生态经济、低碳经济和循环经济，加快产业结构调整和生态化转型，形成可持续的生产方式和消费模式，有效破解资源环境对经济社会发展的瓶颈制约。加快传统产业的生态化改造和升级，实现低能耗、低排放、高效益，突出抓好制糖、有色金属、水泥、林浆纸、石化等产业的循环经济发展，推进一批循环经济示范工程建设。加快淘汰高能耗、高污染落后产能，大力培育新能源、新材料、生物节能与环保、医药、海洋等战略性新兴产业，规划建设百色生态型铝工业和来宾、贵港、崇左生态型糖工业，河池生态型有色金属工业等一批基地和园区。

第三，深入推进生态文明建设。良好的生态环境和自然禀赋，是广西最具魅力、最富竞争力、最持久的独特资源和宝贵财富，我们将始终保持好、维护好这一品牌和优势，坚持以生态文明示范区建设为载体和重要内容，以科技进步为手段，以创新可持续发展的体制机制为动力，进一步强化绿色发展指标及其约束力，切实加大环境保护力度，将生态资源的比较优势转化为持续发展的核心优势，在新一轮发展竞争中抢占制高点。

第四，不断加强节能减排工作。进一步加强组织领导，采取经济、科技以及必要的法律、行政等综合手段，强力推进节能减排工作。未来 5 年，单位地区生产总值能耗明显下降，清洁能源占能源消耗比重达到40%，主要污染物排放总量得到有效控制，保持全国一流的水环境质量，一流的空气质量，一流的生态系统，生态环境质量明显改善。县级以上城镇集中式饮用水源地水质达标率为 100%，农村饮水安全问题得到全面解决；设区城市空气质量稳定达到二级以上标准；城镇污水集中处理率和垃圾无害化处理率力争达到 85%以上；全区森林覆盖率达到 60%左右；重点工业行业中半数以上企业建成循环经济企业。

在全球化发展的今天，绿色发展已达成广泛共识，环境和资源问题已成为国际政治舞台上热点讨论的问题。广西是中国唯一与东盟国家既有陆地接壤，又有海域相连的省区，是中国与东盟合作的桥梁和窗口。随着中国－东盟自由贸易区的正式建成，广西在促进中国与东盟双边合作关系特别是在经贸、环保等领域合作及交流方面发挥着重要作用。广西愿意在构建中国与东盟环境与发展对话与交流机制、不断深化双边合作和推动区域环境保护和绿色发展等方面发挥更加积极的作用，作出更大的贡献。为此，我们提出以下建议：

第一，建议将广西作为服务于中国-东盟环保合作交流的重要平台和基地。在南宁设立中国-东盟环保合作办事机构，开展双边生物多样性保护、公众意识和环境教育、绿色经济、环境管理能力建设等领域的交流与合作，同时充分利用中国-东盟自由贸易区和中国-东盟博览会这一重要平台，建立节能环保技术及节能环保产业的合作机制，共同开拓节能环保产业市场。

第二，加强广西与东盟各国绿色技术和人才培训交流合作。当前，广西与东盟多数国家的工业化进程同处在以资源型产业为主的发展阶段，面临不少相同的环境污染问题，对节能与清洁生产、污染治理等技术有同样的需求。广西愿意与东盟国家在绿色技术研究、技术交流和人员培训等方面加强合作，共同开展先进实用绿色技术和环保产品的研发和推广。

第三，加强广西与东盟跨境生物多样性保护合作。广西和东盟国家均为生物多样性关键区域，且山水相连，共同担负着保护生物多样性的责任。我们希望与东盟有关国家在大湄公河次区域合作框架下，进一步加强生态保护与减贫、跨境地区生物廊道建设等合作，构建自然保护区网络，强化生物物种非法进出口监管，共同保护好区域生态环境。

环保合作论坛是一个倡导创新与绿色发展理念的大会，是共同探索环保合作大计、共谋绿色发展的盛会。广西将以本次论坛为契机，学习借鉴各国各地区创新与绿色发展的成功经验，在深化与东盟各国以及泛珠各省区间经济领域合作的同时，不断扩展环保领域合作，加快机制、政策和技术创新，努力实现环境和经济协调发展，与东盟各国携手努力，共同建设更加美好的绿色家园。

目录

第一章 区域环保合作和绿色发展现状 1

一、东盟绿色发展概况 1

二、区域合作与绿色发展 2

三、创新推动绿色增长 5

四、迈向绿色经济：实现可持续发展和消除贫困 7

五、区域合作促进绿色增长 10

第二章 创新与绿色发展的国家政策 13

一、中国“十二五”绿色发展与环保政策 13

二、柬埔寨绿色发展路线 21

三、印度尼西亚绿色产业发展情况 23

四、新加坡可持续发展战略 25

五、越南可持续生产消费发展情况 26

六、大湄公河次区域合作促进老挝绿色发展 30

七、马来西亚绿色发展方案 31

八、缅甸绿色发展规划 34

九、菲律宾绿色产业发展情况 36

十、文莱推动区域绿色发展 38

第三章 绿色创新与产业合作 40

一、中国环保产业的发展与合作 40

二、中国广西南宁市环保实践与经验 42

三、共同保护环境 共谋绿色发展 44

四、中国-东盟产业合作与环境保护 46

五、合作的力量：企业伙伴关系 47

六、环保企业创新实践：桑德环保集团 49

七、清洁能源的实践与经验：壳牌中国 51

八、水泥厂经营中的可持续管理 52

九、清洁生产项目实践经验 58

十、新加坡电力市场的绿色创新伙伴关系 60
十一、管理和技术创新推动环保建设 63
十二、东盟国家环境影响评价体系概况 66

第四章　区域环保合作现状与前景 79
一、推进中国-东盟绿色发展与环保合作 79
二、绿色发展将为中国-东盟环保合作注入新活力 80
三、环保合作：中国-东盟合作的新亮点 80
四、南南环境合作具有巨大发展潜力 82

附录一　东盟国家环境及合作概况 86

附录二　中国-东盟环境合作行动计划（2011—2013）（中英文） 109

附录三　中国-东盟环保合作论坛会议议程（中英文） 122

附录四　中国-东盟环境合作论坛参会人员名单（中英文） 129

第一章　区域环保合作和绿色发展现状

一、东盟绿色发展概况 [①]

过去几十年来，东亚地区经济发展令人瞩目。然而快速发展的经济以及工业化进程，给可利用的自然资源带来了越来越多的压力，也带来了各种环境问题，造成不可持续发展。

“创新与绿色发展”体现了人类力争实现环境和经济发展相平衡的愿景。绿色发展是实现工业模式向经济、环境和社会可持续发展的有效方式。研究与创新是经济增长的关键。成功的企业一般对研发进行非常大的投入。根据人力、地球和利润三重底线原则，对环境进行投资的企业将通过新产品和服务得以成长和减少成本，而传统产品最终将失去市场。因此，绿色经济的竞争力取决于对绿色产品的创新和研发能力。

东盟地区自然资源丰富，人口密集。截至 2008 年中，东盟人口已达到 5.8 亿，即每平方公里 130 人，是世界人口密集度最高的地区之一。东盟地区经济主要以工业、服务业和农业为三大支柱，其中工业和服务业对国内生产总值（GDP）的贡献最大。

然而，和其他地区一样，东盟地区也正遭受自然资源不可持续开发以及环境服务退化的严重影响。东盟已经充分意识到继续走传统发展道路的危害，并开始认识到需要向可持续工业发展转型。2009 年出台的《马尼拉绿色工业宣言》中，东盟主要发展中经济体与其他亚洲国家共同承诺要建立政策、监管和制度框架，推动工业向低碳、高效方向转型。

制造业将有望成为建设可持续社会的驱动力。通过清洁生产实践以及产品和服务的设计将有助于环境绩效的改善。虽然制造业在某种程度上受到严格的环境条例制约，但目前减少废水、废弃物排放方面所使用的控制和处理措施众多。采用更统一和系统的方法来提高可持续绩效，将给新的商业模式奠定基础，并带来显著的环

---

① 东盟副秘书长米斯然·卡尔梅 2011 年 10 月 22 日在“中国-东盟环保合作论坛 2011：创新与绿色发展”上的开幕致辞，有所删节。

境效益。

东盟国家政府在制造业陆续开展了清洁生产计划。例如，马来西亚发布了一个清洁生产路线图。越南出台了一个国家清洁生产行动计划，并在 1998 年就成立了国家清洁生产中心。泰国政府在 2002 年 1 月出台了《国家清洁生产发展规划（2002—2011）》。菲律宾政府出台了《菲律宾环境伙伴关系计划》，鼓励私营企业实施污染管理项目，从而更好地达到环境规范。新加坡政府设立了一个能效改进援助计划，为能源审计提供 50%的资金，鼓励企业去计算其能源消耗，找出提升能效的潜力。

其他一些东盟成员国也实施了环境标志计划来鼓励可持续发展。例如，印度尼西亚在 2004 年世界环境日（6 月 5 日）启动了生态标签认证认可计划。越南在 2009 年批准了国家生态标签计划。《新加坡绿色标签计划》（SGLS）于 1992 年 5 月启动。泰国可持续发展工商理事会于 1993 年 10 月发起了泰国绿色标签计划。

在区域层面，东盟也通过多方面努力来实践其促进绿色发展的承诺。特别是 2009 年将东盟日的主题定为“绿色东盟”，表明了东盟实行可持续发展的坚定承诺。

东盟成员国及其他利益相关方间的多边协调、合作和交流对于促进绿色发展至关重要。可持续发展的各个方面——环境保护、经济增长、社会发展，应该相互促进而不是相互制约。

目前，东盟正在朝着 2015 年前建成东盟共同体的目标努力。这一目标的实现需要合作伙伴的巨大支持。东盟非常赞赏中国和东盟在环境方面的合作，尤其是在绿色发展方面。中国-东盟环保合作论坛将为双方在提高意识、信息交流、建立网络方面提供了一个好的平台，扩大环境友好方法、实践、技术和政策的应用，从而对区域绿色经济的发展作出贡献。

二、区域合作与绿色发展 ①

（一）亚洲开发银行《2020 战略》和区域合作

促进区域合作和一体化（RCI）是亚洲开发银行（以下简称“亚行”）的首要任务。近年来，亚行对 RCI 的支持不断加大。亚行坚信，区域和次区域计划将促进稳定、繁荣并改善人类生计。预计到 2020 年，RCI 相关计划将至少占亚行项目的 30%。这些活动主要由以下四大支柱组成：一是区域和次区域项目；二是贸易和投资合作；三是货币和金融合作；四是提供区域公共物品，包括环境保护和可持续增长。

近年来，亚洲在区域合作方面取得了巨大进展。其中东亚的发展速度更是处于世界前列。目前，区域内部贸易占亚洲总贸易量的 55%，较 90 年代早期提高了约

① 亚洲开发银行副行长宾度·洛哈尼 2011 年 10 月 22 日在“中国-东盟环保合作论坛 2011：创新与绿色发展”上的开幕致辞，有所删改。

43%，其中东亚对这一增长的贡献最大。东亚区域内部投资约占对外直接投资流的60%，这是过去20年的3倍还多。过去几年中，东亚在区域合作方面有了进一步的提高，开展了众多合作项目。据统计，其中东盟和中国的合作目前大概有38个。

根据亚行最近的统计，亚洲的区域和次区域合作机构多达38个，包括7个跨区域机构、10个区域机构和21个次区域机构。这还不包括亚行和联合国亚太经社理事会这两个旨在促进区域合作和一体化的机构。

自1967年成立以来，东盟已发展成为发展中国家中最成功的区域联盟。东盟的成功主要有以下四个原因：第一，东盟是有效实体；第二，东盟积极开拓和维持外交凝聚力；第三，东盟已成为世界上最一体化的区域之一。通过东盟自由贸易区（AFAT），东盟成员国间的贸易约占其总贸易量的27%。这也加强了投资一体化。第四，总体来说，东盟是一个经济发展迅速和生活水平不断提高的地区。预计，东盟在2011年的增长将达到5.5%，到2012年将达到5.7%。不可否认，东盟领导人建立和谐关系和追求区域一体化的决心，促进了经济的发展。

东盟加中日韩三国（10+3）是非常重要的团体。10+3合作达成了清迈计划，对该地区经济起了重大作用。此外，自由贸易区的建成也起了非常大的作用。该地区人口达到19亿，涉及资金达6万亿美元。自贸区的建成不仅有利于区域经济发展，而且将对所有次区域项目作出了巨大贡献。

亚行一直以来重视与东盟的合作，而东盟也在亚行的合作项目中发挥着重要作用。2006年，亚行与东盟的合作就得到了提高。亚行与东盟签订了2010—2015年合作计划以及关于可持续发展的谅解备忘录。到目前为止，亚行在与东盟的合作中大概已经投入了100亿美元。从2010年至2013年，亚行在这方面的投入将会增至130亿元。近期，东盟又提出了一个重要项目——东盟基础设施基金。亚行一直在鼓励开展绿色投资和绿色基础设施计划。东盟基础设施基金将在这方面发挥重大作用。

（二）亚行支持中国-东盟环境合作

近年来中国和东盟的环境合作取得了实质性进展。在环境合作方面，涉及亚洲的区域和次区域的项目很多。中国-东盟环保合作战略的建立对于区域环境合作起了非常重要的作用。大湄公河次区域（GMS）涉及东盟国家和中国广西。GMS合作项目是亚行的旗舰项目。在2011年，亚行已经在这个项目当中进行了很多投入，包括生物多样性保护以及环境可持续方面。在接下来的一段时间中，亚行还将继续加大投资力度。很明显，经济的快速发展将对环境造成巨大影响，比如水土流失等。2005年，GMS项目举行了一个非常重要的会议并通过了一个核心环境项目，即生物多样性走廊计划当中的一个核心项目。另外还有一个珊瑚礁计划的例子。该计划将有助于进一步扩大次区域合作。印度尼西亚和菲律宾在该计划中进行了非常好的合作，给我们提供了一个非常好的框架，使我们能够进一步保护区域资源，如珊瑚礁、鱼类等，并有助于维护生态系统。

中国和亚行在很多方面都有非常好的合作，并开展了很多合作计划和项目。在过去25年中亚行给中国提供了很多资助。而中国在环境保护方面也给亚行提供了很多资金上的支持。中国和亚行的合作项目包括风能、清洁生产等。中国是亚行非常好的合作伙伴，在过去30年中，双方合作卓有成效。通过与中国的合作，亚行期望能进一步促进知识分享，并建立起一个专家网络。中国与东盟的合作还会进一步发展，希望我们所有的政策朝环境友好型发展。亚行现在很多项目涉及中国，比如资源管理、可持续城市发展、农村以及交通发展。经过30年的努力，中国已成为了世界第二大经济体，从一个低收入国家变成了一个中等收入国家。当前面临的挑战是如何使中国和东盟进一步地发展成为更加可持续和包容的经济体。亚行还将与中国在绿色项目方面进一步加强合作，包括与中国-东盟环境保护合作中心的合作，从而促进环境保护。

（三）亚行积极推动绿色发展

1972年，亚行就提到了一个环境项目，此后对环境问题的研究很快成为一种潮流。现在绿色发展、绿色创新、绿色成长已经成为非常重要的概念。绿色发展是什么，它能给人类带来什么新的机遇？

当前全世界面临巨大挑战，美国和欧洲经济都处于低迷状态。庆幸的是亚洲经济还在不断发展。在这种情况下，人类需要发展环境友好型经济，抓住绿色发展机会。

2008年曾经出现过一次经济危机，在那时许多国家都提出了经济刺激计划。亚行在美国也推出了金额合28万亿的经济促进计划，其中很大一部分是用于解决环境问题。亚行的经济促进计划不仅仅是关于如何适应环境、减少环境变化，更重要的是如何通过这种方式创造新就业机会、新技能，实现绿色发展。要创造更多绿色就业机会就必须要对一个国家进行绿色治理，要考虑环境问题以及他们对各种行业的影响。接下来的一段时间当中，亚行将通过绿色计划给亚洲地区带来5 000万左右的绿色就业岗位。中国和东盟在绿色发展方面应该加强进一步合作。中国和东盟需要考虑长期生产力的发展问题，以及年轻劳动力在绿色经济当中所起的作用。

亚行过去的投资中，环境保护方面占了1/3，还有1/3致力于有益环保的行业，如风能、清洁能源及其他绿色行业。许多亚行的环境合作项目涉及亚洲区域和次区域。按目前的发展速度，到2050年全球的产出贸易投资中亚洲将能够占到一半左右，亚洲地区也将广泛享受富足生活。但同时我们也看到亚洲面临很多挑战。目前亚洲存在广泛的不平等现象，并且收入差距不断扩大。现在亚洲还有很多人生活在每天1.5美元以下的贫困线。此外，城市化进程的加快、人口结构的不断变化、对资源的过度开发以及环境恶化也给亚洲带来巨大挑战。能否提高长期竞争力，在很大程度上依赖于人类当前对资源的使用方式。绿色创新和产业合作非常重要。为实现绿色发展目标，相关国家应该制订创新性的国家政策，并进一步加强环境领域的合作。

三、创新推动绿色增长 [①]

（一）马来西亚温室气体排放现状

当今时代机遇与挑战并存。马来西亚政府意识到，环境质量与保持环境的方式以及气候变化/温室气体有着重要关联。据统计，1994 年马来西亚的单位 GDP 碳排放强度是 0.55。2000 年单位 GDP 碳排放强度增长到 0.6。按照当前情况发展，2020 年马来西亚单位 GDP 碳排放强度将降低到 0.414。马来西亚将通过不断努力改变现有的高排放发展模式并降低碳排放强度。

表 1-1 1994—2020 年马来西亚温室气体减排及单位 GDP 碳排放强度

部门	减排量/Mt CO_2 当量			
	1994	2000	2005	2020（BAU Projection）
能源	97.9	147	204.3	272
工业	5.0	14 1	15.6	18.8
农业	6.9	6.0	6.6	8.5
土地利用	7.6	29.6	25.3	33.3
废弃物	26.9	26.4	27.4	42.8
总排放量	144.3	223.1	279.2	375.4
Total Sink	−68.7	−249.8	−240.5	−243
净排放量	75.6	−26.7	38.7	132.5
CO_2 强度/（tCO_2/RM thousand）	0.55	0.62	0.621	0.414

数据来源：第二次国家通讯，2010。

（二）马来西亚温室气体减排框架

2009 年 12 月 17 日，马来西亚总理纳吉布在第十七次《联合国气候变化框架公约》缔约方会议上承诺，到 2020 年将马来西亚单位 GDP 碳排放强度降低 2005 年水平的 40%，即单位 GDP 碳排放强度下降至 0.373。而这一承诺的实现需要发达国家的技术和资金支持。

要实现减排目标，当务之急是找出节能减排的潜力。目前，马来西亚开展了一些全国性的计划，比如发布了《国家气候变化政策》和《国家绿色技术政策》；将能源和可再生能源、能效、固体废物管理纳入第十个国家发展规划；鼓励企业开展自

① 马来西亚自然资源与环境部副秘书长加里・特塞拉 2011 年 10 月 22 日在“中国-东盟环保合作论坛 2011：创新与绿色发展”上的开幕致辞，有所删改。

愿碳补偿计划；开展绿色技术融资项目（GTFS），对企业节能减排项目进行资助；此外，还制订了低碳城市框架和评估系统（LCCF）。

最重要的是马来西亚制定了一个国家长期发展路线图。该路线图由马来西亚自然资源和环境部提出。路线图的设计汇集国家能源大学等高校教授，并进行了一系列咨询，开展了多次研讨会，开端报告于 2010 年 12 月设计完成。但是路线图中涉及的很多技术成本较高，目前还在制定过程当中，预计 2012 年中旬完成最终报告。

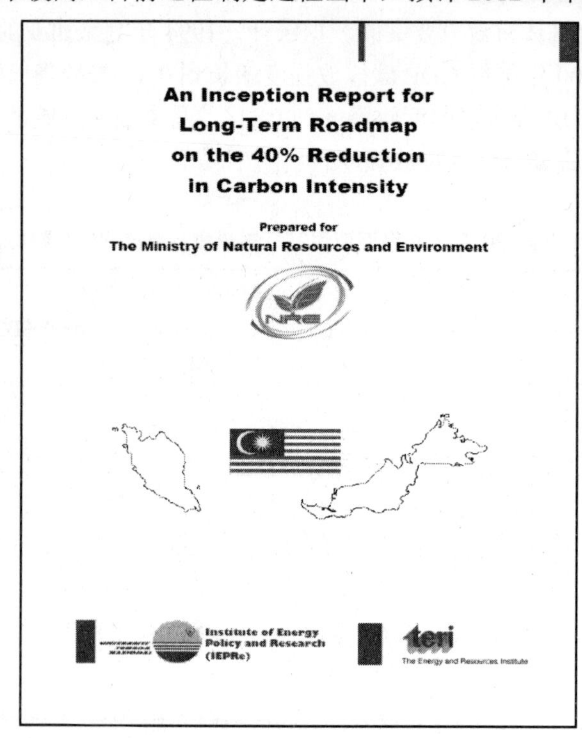

图 1-1　马来西亚碳减排长期路线图报告

马来西亚最大的排放来自于发电。此外，工业和交通也是大的排放源，这些领域的节能减排工作需要加强。初步研究显示，马来西亚最大的节能潜力是到 2020 年将实现 1.08 亿 t 的减排。马来西亚政府成立了一个节能减排技术开发理事会，由总理亲自指挥。其下设工业、研发、人力、宣传、交通、绿色城镇等 7 个工作组。这种做法打破了传统的条块分割，使得能够采取一些系统措施。比如规定政府办公室空调温度不能低于 24℃。马来西亚还对建筑能效建立了一个 GBI 标准。目前已有 24 个建筑符合这一标准。国家汽车公司也开展了一些电动汽车和混合动力汽车示范。此外，马来西亚还加大了对植树造林的投入，并在 2010 年 12 月发布了可再生能源法。

马来西亚所做的这些努力取得了一些初步成效。通过提高能效减少了 450 万 t 二氧化碳当量的排放。对纸的循环利用减少了 600 万 t 二氧化碳当量的排放。马来西亚政府希望将经济转化为一种绿色发展模式。这一目标的实现是以经济发展为基础。但并不仅仅是发展高科技、计算机产业，我们必须让公众提高对绿色发展路线的了解和认识，从而改变他们的生活方式。马来西亚政府也已采取了很多以市场为基础的导向措施，来实现这样一种绿色发展。消费者会做出他们的选择，但是市场必须有这样一种可持续发展的机制。

（三）创新推动绿色增长转型

除了在国内建立新机制外，从国外引进绿色技术也至关重要。这需要对基础设施进行大规模投资。马来西亚政府在今年 10 月批准的下年度预算中，对高校的研发给予了很大投入。马来西亚还成立了一个创新中心，旨在研发一些新型技术，把一些新概念发展为新产品。马来西亚也鼓励在全国范围内，不断研发创新产品和提出新想法。不仅在城市，也包括农村地区。因为农村许多人有非常好的想法，比如如何保护环境。马来西亚出版了一系列的报告和文章，并建立了一个基金会，对一些具体的研发项目给予支持。马来西亚 2012 年将召开一个企业创新大会，将企业和投资者聚集起来，讨论如何实现创新项目。此外，马来西亚也将对教育体系进行改革，希望能够培养一批具备高技术、高知识并有创新能力的新型人才。而最终目标是要利用现有技术和信息实现绿色发展。

（四）新的国际公约需要透明度

当今社会，透明度是非常重要的。在即将进行的里约 20+谈判中，透明度是一个重要因素，新的国际公约需要发展中国家的增加透明度。透明度与监管和沟通一样，将给企业品牌增加价值。越来越多受教育、有环境意识的消费者都希望买到的产品符合环境标准甚至超过环境标准。这样的产品代表了社会正义，以及健康和安全。公开透明的产品信息对于产品销售非常重要，即使产品不能达到环保标准，但如果信息能够透明，消费者也是非常欢迎的。

目前，东盟与中国在很多层面开展了合作。比如联合国气候变化框架公约（UNFCCC）的谈判、东盟酸雨监测网络等。我们也期待着能够在这些倡议的平台之上进一步加强双方合作，在中国和东盟成员国之间进一步拓展和提升我们的合作水平。

四、迈向绿色经济：实现可持续发展和消除贫困①

（一）绿色经济及其意义

绿色经济是一种既能提高人类福祉和社会公平，又能显著减少环境风险和生态

① 联合国环境规划署亚太办公室主任朴英雨 2011 年 10 月 22 日在“中国-东盟环保合作论坛 2011：创新与绿色发展”上的发言，有所删节。

稀缺性的经济模式。有别于传统经济模式，绿色经济强调创造机会。在绿色经济中，公共和私人通过对减少碳排放和污染、提高资源和能源利用效率、减少生物多样性和生态系统服务流失的投资来拉动经济增长和就业。当然，这些投资需要特定公共支出和政策改革的激励和支持。此外，在绿色经济中自然资源被认为是一种重要的经济资产。

需要强调的是，绿色经济的概念并不是替代可持续发展。里约地球峰会[①]召开近20年来，人类逐步认识到要实现可持续发展必须获得经济权利。过去几十年中，一些并发的危机涌现，如气候变化、生物多样性、食物、燃料和水的危机，以及最近的金融危机。尽管这些危机多种多样，但有一个共同特征，就是严重的资本配置不当。这是由现有政策和市场激励机制导致的。因此，可持续发展的实现需要新的经济发展模式。绿色经济就是一种实现可持续发展的手段和工具。

（二）区域绿色经济发展现状

近年来，亚太地区经济发展迅速。然而该地区人口众多，并且仍在以极高的速度增长，其中贫困人口占世界贫困人口的一半左右。通过绿色经济实现区域可持续发展对于亚太地区尤其重要。亚太地区中相当一部分人，特别是贫困人口的生计主要依赖于环境和生态系统。绿色经济有助于提高人类福祉，并满足人类保护环境和生态系统需求。

当前，世界各国都在积极推进绿色经济转型，并开始实施许多相关战略和规划。亚太地区在绿色经济发展方面也走在世界前列。据统计，全球 23%的绿色投资是由亚太地区发起的。中国投资 4 680 亿美元用于到 2015 年实现主要行业的绿色发展，这比过去五年的投资增长了一倍多。印度尼西亚发布了国家发展规划，提出 2025 年实现“绿色和可持续的印度尼西亚”，并且到 2030 年实现 7%的 GDP 增长和 41%的温室气体减排。日本推行减量、再利用、再回收（3R）以及垃圾最小化政策。韩国制定了绿色新政，将 2%的 GDP 投资于绿色增长。马来西亚也制定了绿色经济目标并列入国家行动计划当中。联合国环境规划署也正在与约 20 个国家一起开发绿色经济计划。

（三）联合国环境规划署“绿色经济报告”

联合国及全球众多机构约 150 名各领域的专家历时两年编写并出版了《迈向绿色经济：实现可持续发展和减贫》报告。报告使用宏观经济模型，并预计实现全球

① 地球峰会（Earth Summit），又称 “联合国环境与发展会议”（The United Nations Conference on Environment and Development，UNCED）。于1992 年在里约热内卢举行，会上 155 个国家签署了《联合国气候变化框架公约》（The United Nations Framework Convention on Climate Change，UNFCCC）和《生物多样性公约》（Convention on Climate Change and the Convention on Biological Diversity），批准了《里约宣言》（Rio Declaration）和《森林原则》（Forest Principles），并通过《21 世纪议程》，旨在实现可持续发展的 21 世纪。

绿色经济发展的年资金需求量在 1.05 万亿～2.59 万亿美元的范围，即平均每年 1.3 万亿美元（约全球 GDP 的 2%）。通过分别将全球 GDP 的 2%投资于常规商业模式和绿色经济模式（用于 10 个关键行业的绿色发展）两种情景，对投资绩效进行比较。绩效评估不仅包括经济产出（用 GDP 衡量），而且包括对就业、资源强度、温室气体排放和生态的影响。研究发现，重新分配公共和私有资金对绿色经济投资，将通过合理的政策改革和诱发条件，带来更高的经济增长和更多的就业机会，并且有助于减贫。

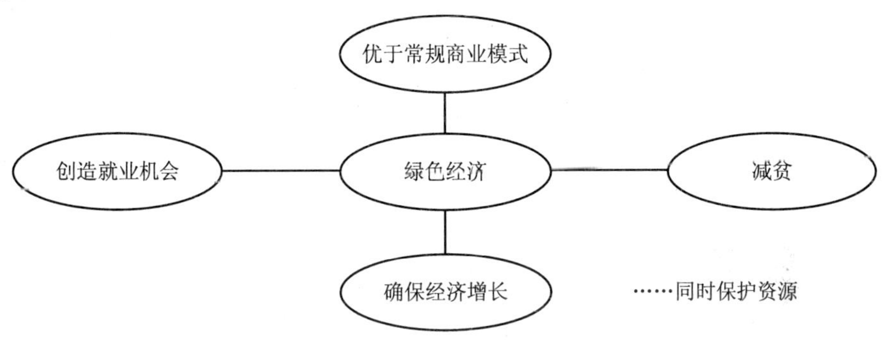

图 1-2 绿色经济的优势

绿色经济目标的实现需要以下几个方面的努力。首先，要采用共同但有区别的方法。由于每个国家所面临的挑战和环境限制不同。采用共同但有区别的方法才能使我们的项目适合不同的国情。包容性发展不仅是绿色经济发展的关键所在，也是实现可持续发展的必由之路。因此，所有政府、公司、非政府组织都应积极参与其中，以便执行绿色计划。

其次，需要采取一种综合的、全面的方法。在执行经济政策时，必须将环境和社会影响考虑在内。比如，在土地规划和技术发展过程中，以及制定发展规划和决策过程中，都必须要考虑这些因素。环境和社会与经济发展规划密切相连，将这两方面纳入经济发展规划将有助于实现可持续发展。

绿色经济发展过程中存在很多阻碍实现可持续发展的障碍。比如很多发展中国家缺少人力和财政资源，以及相应的技术来执行绿色经济和可持续发展的计划。这个问题在国际论坛上经常被提起。在很多情况下，政府官员和规划人员都强调在其国家规划中需要把环境和社会问题考虑在内。这些问题并没有被忽略，而是没有一个快速解决的办法，其主要原因就是缺乏足够的资源和基础设施。

当前许多方法具有借鉴意义。比如区域合作，像东盟和中国的合作、南南合作等。东盟和中国的合作就是一个楷模。它告诉我们怎样克服障碍，帮助区域内不同国家实现可持续发展。当然，机构能力建设也至关重要，因为只有机构能力达到一定水平，才有足够的人力资源来解决这些问题。东盟和中国的合作将使我们所需要的能力进一步加强。同时，给我们提供更多的技术支持。

财政资源在这个机制当中也非常重要。不同机构，比如亚行在合作过程中就起着非常重要的作用。亚行提供了基础设施资助（修路、住宅区建设等）。东盟和中国的合作，将吸引联合国开发计划署、联合国亚太经社理事会等机构提供很多的技术和财政支持。

要实行绿色经济、取得可持续发展，需要各国政府下定决心。一个国家的愿景、决心以及领导力，都起着至关重要的作用。中国是这方面的楷模，中国把外界的帮助用得非常好。另外，在进行这些活动中，需要有一个非常好的愿景，要让大家积极参与。东盟和中国的合作将有助于创造所有必要条件，使得人们能够实现绿色发展。

绿色发展有赖创新。能够成为这个行业的一分子，联合国环境规划署感到非常自豪。联合国环境规划署也会进一步加强与东盟国家以及中国的合作，以便能够达到我们共同的目标——通过实行绿色经济取得可持续发展。联合国环境规划署网站也将为制订国家绿色发展规划和执行过程中遇到的问题提供咨询服务。

五、区域合作促进绿色增长 ①

目前中国和东盟国家，甚至整个亚太地区的发展中国家都面临许多挑战。食品、能源和金融危机给区域经济发展造成很多不确定性。此外，气侯变化以及自然资源和环境的恶化，也使我们的处境更加艰难。

2011 年 2 月，食品价格指数（The FAO Food Price Index）创历史新高。此后，食品价格指数一直居高不下，5 月较历史同期高出 232 个百分点，仅仅比 2 月低了 6 个百分点。联合国粮食与农业组织（FAO）指出，由于巨大的形势变化，早前对食品供应充足和物价稳定的预期已经变成了近几十年来未见的国际物价高涨。不利的天气状况是造成物价高涨的主要原因。然而其他一些不可预测因素也对食品市场的稳定性造成负面影响，包括日本地震海啸、北非及近东许多国家空前的政治动荡。而原油价格的猛涨更是加剧了全球经济和金融市场的不确定性。据统计，2010 年亚太地区共有 1 900 万人受到石油、能源、资源以及食品价格上涨的影响。到 2011 年，由于石油和食品价格上涨陷入贫困的人口达到 4 200 万人。

在 2005 年，亚太地区生产单位 GDP 所使用的资源是世界其他地区的三倍（如图 1-3 所示）。如果这种不可持续的资源使用模式继续下去，资源将很快枯竭。因此，改变经济增长模式，选择绿色发展/绿色增长势在必行。绿色经济是发展目标，而绿色发展/绿色增长是实现这一目标的有效方式。绿色发展/绿色增长有以下几个主要特征：以经济、环境以及社会为三大支柱；将资源和气侯危机转变为经济机会；创造

① 联合国亚太经社理事会能源环境司处长刘鸿鹏 2011 年 10 月 22 日在“中国-东盟环保合作论坛 2011：创新与绿色发展”上的发言，有所删节。

更多就业机会。绿色发展/绿色增长旨在进行系统性转变，即经济模式的转变，而不是仅限于绿色技术和农林间作所带来的增量变化。

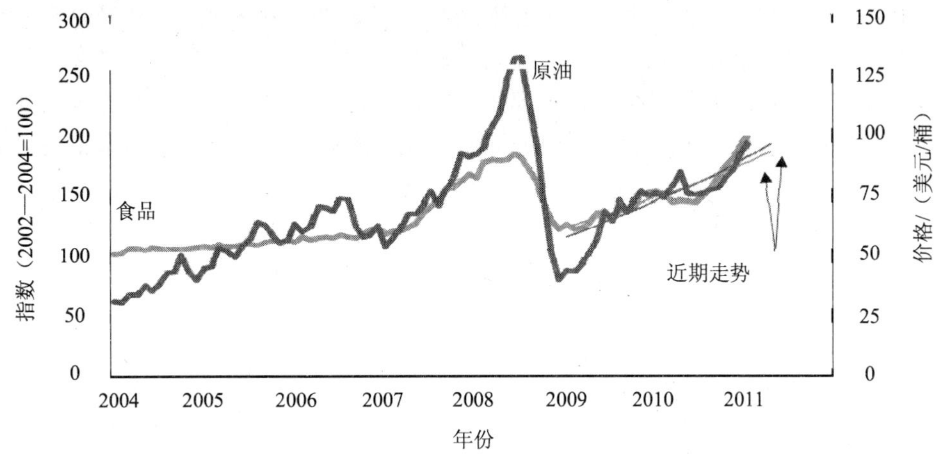

图 1-3　2004 年 1 月～2010 年 12 月食品价格指数与原油价格

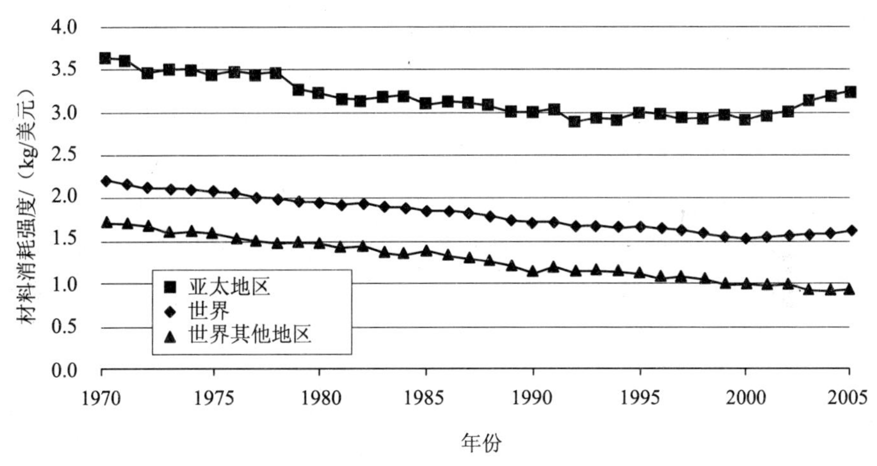

图 1-4　材料消耗强度

资料来源：澳大利亚联邦科学与工业研究组织（CSIRO）和联合国环境规划署亚太材料流动数据库。

在 2005 年，亚太经社理事会提出了一个绿色增长项目并召开了一个部长级会议，主要讨论亚太地区的环境和发展的问题。2010 年，亚太地区国家的部长同意进一步加强绿色发展方式，并也采取了一些具体措施。

绿色增长需要相应的政策环境。绿色增长的实现必须有一些创新政策，包括有形和无形结构。有形结构中，环境友好型的基础设施，包括建筑、城市规划、交通能源、水、工业、信息化的应用等，在能源使用中，要尽量多使用可再生能源以减少温室气体排放。最大的挑战来自无形结构，即改变价值观。要将绿色领域的投资变成价值，包括重要的机构能力建设。对于大多数发展中国家来说，这将是一个重大挑战。绿色发展方式不可能在短时间内实现，这需要各种推动力量。

什么样的经济政策和战略有利于实现绿色发展模式？中国政府已经采取了一系列措施，包括价格手段、税收手段、提供补贴等来改善环境的经济性，促进绿色发展。市场机制将有助于实现绿色发展模式。首先，可以将生态价值融入价格机制当中。多年来联合国亚太经社理事会研究如何实现生态价值，并针对不同国家的国情做了研究。当前市场价格很难反映这个体系的成本。将生态价值融入价格机制，将给现在的经济体系带来一些变化，可能产生一些生态方面的赤字。很多发展中国家在提高生态效率方面有很大潜力。我们必须将环境和生态成本纳入产品价格当中。这样也能给用户提供一个非常明确的信息——如何最佳使用自然资源。

其次，要对税收体系进行改革。研究发现，税收体系的改革并不一定会导致税收增加，它可能是一种非常有效的促进环境友好型技术发展的措施。还有一个非常重要的概念就是税收中立。现在很多税收是以收入和利润为基础计算的，自然资源的消耗并未纳入其中。征收环境税将向市场发出一个明确信息。当然，这些政策的变化需要政府干预。目前东盟国家也开展了一些有效措施，这些好经验的分享对于区域未来发展有极大的促进作用。比如泰国就有一个好的税收机制。

第三，需要进行机构体制改革，使得不同部门能够跨部门合作，有效实施新政策。绿色经济发展战略和措施，并不仅仅与某一部门有关，它往往涉及很多不同部门。

与此同时，绿色增长也给区域合作带来了新的机遇。在绿色发展方面，非常重要的一个机遇就是能够建立一些绿色企业。很多企业非常关注自身竞争力，因此在考虑是否采取绿色措施时，需要确保绿色措施有助于提升企业竞争力。如果所有国家采取同样的政策措施，或者是趋同的政策方向，对于提高这些国家在国际市场上的整体竞争力是非常有效的。目前，出现了一些新的增长市场，包括环境产业以及相应的管理服务。东盟国家也设立了 2015 年的整体目标，如到 2015 年，可再生能源发电占新装机容量的 15%。到 2015 年，整个东盟地区的能源强度将比 2005 年降低 8%。中国“十二五”规划中将单位 GDP 的能源强度降低 16%。这些措施都将给我们带来很多机遇，我们要抓住机遇、实现目标。

联合国亚太经社理事会也在这方面做了一些努力。机构共有 62 个成员国，覆盖范围从亚太到中亚地区，包括东北亚、南亚地区和还有东南亚地区。我们从以下五个方面开展工作，促进绿色增长：

第一，提高增长质量。从数量的增长转变为质量的提高。虽然很多目标在于 GDP 的增长，但只有数量的增长是不够的，增长的质量比数量更为重要。第二，需要让资源价格充分反映生态成本。第三，改变基础设施的设计。在定价体系方面，要相互学习好的做法，同时要加强基础设施设计的优化。第四，要促进绿色企业的发展。第五，建立低碳经济。联合国亚太经社理事会愿意与各成员国，以及东盟和中国一起来实现绿色增长、绿色发展。

第二章　创新与绿色发展的国家政策

一、中国“十二五”绿色发展与环保政策[①]

创新与绿色发展是当今世界的发展趋势。中国-东盟区域的可持续发展需要有关各国在互相沟通、互相学习的过程中推动。因此，我们有必要了解区域各国的绿色发展思路以及各自采取的政策，从而推动区域的可持续发展。在当前世界各国共同倡议并推进绿色发展的形势下，中国政府也旗帜鲜明地表明了自己走可持续发展路线、推动绿色发展的决心，并积极推动各项环境保护政策、法规的实施与完善，调整经济结构、改变经济发展模式，使中国进入了一个绿色发展的时代。

（一）绿色发展时代

绿色发展就是以节约资源和保护环境为特征的发展进程；发展是本体，绿色为约束。中国政府向来重视绿色和可持续发展的推动。自“十二五”规划以来，中国确定了“以科学发展为主题，以加快转变经济发展方式为主线”的发展方式，这是对今后五年乃至更长时期内国家发展的定位，其发展的总体取向可以归纳为“民生为重、绿色发展”，这也体现了中国政府转变高消耗、高排放的发展模式的决心。“十二五”规划做出了一系列绿色发展的部署，并提出在五年内，确保科学发展取得新的显著进步，确保转变经济发展方式取得实质性进展。规划中明确指出，要坚持把建设资源节约型、环境友好型社会作为加快转变经济发展方式的重要着力点，深入贯彻节约资源和保护环境基本国策，节约能源，降低温室气体排放强度，发展循环经济，推广低碳技术，积极应对全球气候变化，促进经济社会发展与人口资源环境相协调，走可持续发展之路。

“十二五”规划纲要中提出了严格的节能减排目标，以确保转变经济发展方式取得实质性进展。例如，单位工业增加值的用水量降低 30%，非化石能源占一次能源消费比重达到 11.4%，单位国内生产总值能源消耗降低 16%，单位国内生产总值二氧化碳排放降低 17%等。在主要污染物减排方面，规划中也有多项严格规定，如化

① 中国环境保护部政策研究中心主任夏光在“中国-东盟环保合作论坛 2011：创新与绿色发展”上的发言，有所删节。

学需氧量、二氧化硫排放分别减少 8%，氨氮、氮氧化物排放分别减少 10%等。其中，在“十一五”期间，化学需氧量和二氧化硫排放量已经分别减排 10%，这意味着继续沿用“十一五”期间的减排方式、通过实施一些工程完成“十二五”规划的节能减排目标是十分困难的。因此，“十二五”规划目标的完成需要从根本上调整产业结构，把节能减排的概念贯穿到生产的各个领域和各个环节中去。

“十二五”规划中提出，实现经济社会发展目标，必须紧紧围绕推动科学发展、加快转变经济发展方式，统筹兼顾，改革创新，着力解决经济社会发展中不平衡、不协调、不可持续的问题，明确重大政策导向。其中的主要措施包括：健全节能减排激励约束机制，优化能源结构，合理控制能源消费总量，完善资源性产品价格形成机制和资源环境税费制度，健全节能减排的相关法律法规和标准，强化节能减排目标责任考核等。只有把资源节约和环境保护贯穿于生产、流通、消费、建设各领域各环节，才能真正提升可持续发展能力。例如，在金融领域中，银行需要通过信贷手段促进绿色产业的发展，抑制落后产能、过剩产能，承担其在绿色发展中相应的社会责任。

在推进农村环境综合整治方面，“十二五”规划中提出，要加强农村基础设施建设和公共服务，其中主要措施包括：治理农药、化肥和农膜等面源污染，全面推进畜禽养殖污染防治；加强农村饮用水水源地保护、农村河道综合整治和水污染综合治理；强化土壤污染防治监督管理。实施农村清洁工程，加快推动农村垃圾集中处理，开展农村环境集中连片整治；严格禁止城市和工业污染向农村扩散。

一方面，“十二五”规划中提出的减排目标对传统的经济发展模式有一定的抑制作用，另一方面，“十二五”规划纲要中提出的建设新兴战略性产业的要求对绿色经济的发展起着促进和推动的作用。例如，“十二五”规划中提出，大力发展节能环保、新一代信息技术、生物、高端装备制造、新能源、新材料、新能源汽车等产业，而这些产业的发展都是转变经济发展模式的有机组成部分。同时，面对日趋强化的资源环境约束，各领域必须增强危机意识，树立绿色、低碳发展理念，以节能减排为重点，健全激励与约束机制，加快构建资源节约、环境友好的生产方式和消费模式，增强可持续发展能力，提高生态文明水平。

“十二五”规划中提出，要按照减量化、再利用、资源化的原则大力发展循环经济。我国现处于工业化高速发展阶段，能耗物耗过高，资源浪费比较严重，前期减量化的潜力很大。因此，应该坚持“减量化”优先，以提高资源产出效率为目标，推进生产、流通、消费各环节循环经济发展，加快构建覆盖全社会的资源循环利用体系，推行循环型生产方式。要加快推行清洁生产，在农业、工业、建筑、商贸服务等重点领域推进清洁生产示范，从源头和全过程控制污染物产生和排放，降低资源消耗。

“十二五”规划中提出，要完善再生资源回收体系，建立健全垃圾分类回收制度，完善分类回收、密闭运输、集中处理体系。同时，推广绿色消费模式。要倡导文明、节约、绿色、低碳消费理念，推动形成与我国国情相适应的绿色生活方式和消费模式。规划中还提出，要推行政府绿色采购，逐步提高节能节水产品和再生利用产品比重。由于我国政府采购总额占总消费额比例较大，推行政府绿色采购将会对绿色产业的发展有重要的推动作用。

“十二五”规划中提出，要强化绿色发展的政策和技术支撑，其中措施包括：加强规划指导、财税金融等政策支持，完善法律法规和标准，实行生产者责任延伸制度，制订循环经济技术和产品名录，建立再生产品标识制度，建立完善循环经济统计评价制度等。

在水环境保护方面，“十二五”规划中提出，加大环境保护力度，强化污染物减排和治理。以解决饮用水不安全和空气、土壤污染等损害群众健康的突出环境问题为重点，加强综合治理，明显改善环境质量。实施主要污染物排放总量控制。实行严格的饮用水水源地保护制度，提高集中式饮用水水源地水质达标率。加强造纸、印染、化工、制革、规模化畜禽养殖等行业污染治理，继续推进重点流域和区域水污染防治，加强重点湖库及河流环境保护和生态治理，加大重点跨界河流环境管理和污染防治力度，加强地下水污染防治。

在城市污染治理方面，“十二五”规划中提出，要推进火电、钢铁、有色、化工、建材等行业的二氧化硫和氮氧化物治理，强化脱硫脱硝设施的稳定运行，加大机动车尾气的治理力度。深化颗粒物污染防治，加强恶臭污染物治理，建立健全区域大气污染联防联控机制，控制区域复合型大气污染。规划中要求，地级以上城市空气质量达到二级标准以上的比例要达到 80%。要有效控制城市噪声污染，提高城镇生活污水和垃圾处理能力，使城市污水处理率和生活垃圾无害化处理率分别达到 85% 和 80%。

“十二五”规划中提出，要特别注重防范环境风险。其中包括：加强重金属污染综合治理，以湘江流域为重点，开展重金属污染治理与修复试点示范；加大持久性有机物、危险废物、危险化学品污染防治力度，开展受污染场地、土壤、水体等污染治理与修复试点示范；强化核与辐射监管能力，确保核与辐射安全。推进历史遗留的重大环境隐患治理；加强对重大环境风险源的动态监测与风险预警及控制，提高环境与健康风险评估能力。其中，要特别注意生产体系中由于设备老化原因而产生的安全隐患。近期以来，国际核安全事故频发，在国际社会造成了极大的社会影响，而核安全事故对人民的生命及财产安全影响又特别巨大，需要我们加强警惕。

“十二五”规划中提出，要加强环境监管，健全环境保护法律法规和标准体系，完善环境保护科技和经济政策，加强环境监测、预警和应急能力建设。加大环境执法力度，实行严格的环保准入，依法开展环境影响评价，强化产业转移承接的环境监管。严格落实环境保护目标责任制，强化总量控制指标考核，健全重大环境事件和污染事故责任追究制度，建立环保社会监督机制。

“十二五”规划中提出，要促进生态保护和修复，强化生态保护与治理。坚持保护优先和自然修复为主，加大生态保护和建设力度，从源头上扭转生态环境恶化趋势，其中主要措施包括：构建生态安全屏障，加强重点生态功能区保护和管理；强化自然保护区建设监管，提高管护水平；加强生物安全管理，加大生物物种资源保护和管理力度，有效防范物种资源丧失与流失，积极防治外来物种入侵；建立生态补偿机制。加大对重点生态功能区的均衡性转移支付力度，研究设立国家生态补偿专项资金；鼓励、引导和探索实施下游地区对上游地区、开发地区对保护地区、生态受益地区对生态保护地区的生态补偿。

“十二五”规划中提出，要深化资源性产品价格和环保收费改革。其中包括：建立健全能够灵活反映市场供求关系、资源稀缺程度和环境损害成本的资源性产品价格形成机制，促进结构调整、资源节约和环境保护，推进环保收费制度改革。建立健全污染者付费制度，提高排污费征收率。改革垃圾处理费征收方式，适度提高垃圾处理费标准和财政补贴水平；完善污水处理收费制度。积极推进环境税费改革，选择防治任务繁重、技术标准成熟的税目开征环境保护税，逐步扩大征收范围；建立健全资源环境产权交易机制。引入市场机制，建立健全矿业权和排污权有偿使用和交易制度。规范发展探矿权、采矿权交易市场；发展排污权交易市场，规范排污权交易价格行为，健全法律法规和政策体系，促进资源环境产权有序流转和公开、公平、公正交易。

由规划中所提出的种种具体实施原则，可以看出“十二五”规划侧重于从发展方式的调整和改变来实现发展本身的可持续性，体现了强烈的绿色意识和转型取向，确定了国家绿色发展的方向。

（二）“十二五”环境保护的主要任务

（1）持续深入推进主要污染物减排，促进绿色发展。在减排过程中要将源头预防和全过程减排综合推进，强化结构减排，细化工程减排，通过推动减排，促进经济发展方式的转型；要强化总量减排的“倒逼传导机制”，实现污染物排放量降低的同时，能够促进污染物产生量的降低，并且最终实现资源能源消耗量的降低；要抓好行业性的总量控制，包括等量置换、减量置换，同时推进行业性的结构调整和技术提升。

（2）改善环境质量，切实保障民生，共享发展成果。以饮用水源地的污染防治、城市空气污染的防治、重金属的污染防治和核污染预防等为重点，保障人民免受直接的环境危害影响。以民生的观念，突出抓好水、气、土、生态四个要素的污染防治和环境改善，将与百姓息息相关的污染问题的治理，如灰霾问题、颗粒物超标等作为环境保护工作的重点。

（3）防范环境风险，保障安全发展。目前中国处于安全发展的艰难时期，发展中的环境风险逐渐提高。因此，“十二五”规划中提出，要建立风险防范的制度和政策体系，出台过程性的治污控制标准；要落实企业的主体责任，推行环境监测的社会化，并基于环境风险防范的视角重新调整饮用水源地或一些危险化学品的管理思路，把危害人体健康的持久性污染物作为环境保护工作的重点之一。

（4）推行环境基本公共服务均等化，促进均衡发展。“十二五”规划中提出，要把环境监管与评估、安全饮用水、城市的污水处理和垃圾处理的集中服务作为推行环境基本公共服务的起步动作，并将环境保护基本公共服务均等化作为政府职责，纳入公共财政的领域，保障重点，理顺事权、财权，加大转移支付力度，建立配套体系。使一些经济欠发达地区在国家的政策支持下，也能够切实享受到环境保护基本公共服务。

（三）“十二五”环境保护的主要政策

“十二五”规划中的主要政策可以分为两大类，即从严从紧的管制性政策和引导发展的激励性政策。从中可以看出，“十二五”规划中的环境保护政策对产业带来的压力与机遇并存，并不是单纯地以约束和限制产业的发展为手段，同时也通过激励和引导政策积极推动绿色经济的发展和传统产业的转型。

（1）限制性产业政策

国家各相关部委针对高消耗、高排放的产业，发布了一系列的限制性产业政策，提出了很多具体目标和实施细则（见表 2-1）。

表 2-1　限制性产业政策

政策名称	发布时间	主要内容摘要
《关于清理规范焦炭行业的若干意见》	2004 年 5 月 27 日	在城市规划区 2km 以内（城市居民供气需要项目除外）、居民聚集区 500m 以内、主要河流两岸和公路干道两旁 1km 范围内、生态保护区、自然保护区、风景旅游区内不得建设焦炉
《关于制止铜冶炼行业盲目投资若干意见》	2005 年 11 月 3 日	将铜冶炼项目的资本金比例由 20%及以上提高到 35%及以上。加快环境保护监督管理，立即淘汰 1.5m^{2}及以下密闭鼓风炉，2006 年底前淘汰反射炉、电炉和 1.5～10m^2（不含 10m^2）密闭鼓风炉，2007 年底前淘汰所有密闭鼓风炉
《产业结构调整指导目录》	2005 年 12 月 2 日	该目录分为鼓励、限制、淘汰三类，涉及各产业中的工艺技术、装备及产品
《关于加快推进产能过剩行业结构调整的通知》	2006 年 3 月 12 日	淘汰落后生产能力。加强信贷、土地、建设、环保、安全等政策与产业政策的协调配合
《关于推进铁合金行业加快结构调整的通知》	2006 年 4 月 5 日	禁止新建 25 000kVA 以下铁合金矿热电炉项目，以节能降耗、污染治理、综合利用为重点，推广先进适用技术，淘汰落后工艺设备
《关于加快煤炭行业结构调整，应对产能过剩的指导意见》	2006 年 4 月 10 日	按照可持续发展要求，提高新建煤矿准入门槛，加强环境保护，实现煤炭开采与生态环境协调发展

政策名称	发布时间	主要内容摘要
《关于加快铝工业结构调整的指导意见》	2006 年 4 月 11 日	鼓励综合利用和节约资源，加强环保执法，从严控制电解铝出口
《关于加快水泥工业结构调整的若干意见》	2006 年 4 月 13 日	加快提高产业集中度，大力发展循环经济
《关于加快电力工业结构调整促进健康有序发展有关工作的通知》	2006 年 4 月 18 日	做好违规电站清理工作，加大关停力度，实施节能、环保、经济调度
《关于加快电石行业结构调整有关意见的通知》	2006 年 4 月 21 日	彻底关闭和淘汰 5 000kVA 以下（1 万 t/a 以下）电石炉及开放式电石炉、排放不达标的电石炉
《关于加快纺织行业结构调整促进产业升级若干意见》	2006 年 4 月 29 日	提高纺织资源利用效率，减少环境污染
《关于钢铁工业控制总量淘汰落后加快结构调整的通知》	2006 年 6 月 14 日	严格控制钢铁工业生产能力，淘汰落后生产能力，支持企业技术改造和技术创新
《关于新开工项目清理工作的指导意见》	2006 年 8 月 1 日	各地要对今年上半年列入统计范围的总投资 1 亿元及以上的新开工项目，按照产业政策、项目审核程序、土地审批、环评审批等方面的标准，逐项进行全面清理。其中，钢铁、电解铝、电石、铁合金、焦炭、汽车、水泥、电力、纺织行业要清理总投资 3 000 万元及以上的项目，煤炭行业要清理设计能力 3 万 t/a 及以上的项目
《财政部、国家税务总局对我国现行消费税的税目、税率及相关政策进行调整的通知》	2006 年 4 月 21 日	新增高尔夫球及球具、高档手表、游艇、木制一次性筷子、实木地板等税目，增列成品油税目，原汽油、柴油税目作为此税目的两个子目

其中，由国家发改委于 2005 年发布的《产业结构调整指导目录》详细规定了相关产业的工艺技术、装备及产品，并将其分为了鼓励、限制、淘汰三类。其中，鼓励类主要是对经济社会发展有重要促进作用，有利于节约资源、保护环境、产业结构优化升级，需要采取政策措施予以鼓励和支持的关键技术、装备及产品。限制类主要是工艺技术落后，不符合行业准入条件和有关规定，不利于产业结构优化升级，需要督促改造和禁止新建的生产能力、工艺技术、装备和产品。淘汰类主要是不符合有关法律法规规定，严重浪费资源、污染环境、不具备安全生产条件，需要淘汰的落后工艺技术、装备及产品。对属于限制类的新建项目和淘汰类项目，禁止投资。

在 2011 年 6 月，国家发改委在该目录的基础上修订并公布了《产业结构调整指导目录（2011 年本）》，修订工作主要遵循了以下原则：坚持市场调节和政府引导相结合；坚持传统产业优化升级和培育发展战略性新兴产业相结合；坚持结构调整与协调发展相结合；坚持控制总量与优化存量相结合。新版《产业结构调整指导目录》

主要有以下特点：力求全面反映结构调整和产业升级的方向内容；鼓励类新增了新能源等 14 个门类，同时进一步突出了水利设施在农业产业结构调整中的重要作用，丰富了内容，增加了条目；更加注重战略性新兴产业发展和自主创新；更加注重对推动服务业大发展的支持；更加注重对产能过剩行业的限制和引导，在限制类条目设置上加强了对产能过剩和低水平重复建设产业的限制，从产品规格、参数和生产装置规模等方面分别对限制范围进行了比较明确的界定，提高了准入标准；更加注重落实可持续发展的要求，按照建设资源节约型和环境友好型社会的要求，在相应的生产消费环节中，都增加了相关内容。

（2）严格化的环境管理政策

我国对于环境管理工作的重视程度正在与日俱增，国家领导人对于节能减排工作高度重视。例如，2007 年，温家宝总理亲自担任国务院节能减排工作领导小组组长，将节能减排工作提升到了前所未有的高度；2011 年，国务院印发了《节能减排综合性工作方案》。实现节能减排目标已经成为很多地方具有“一票否决”性质的刚性指标，受到各级政府的高度重视，这些刚性指标目前主要通过行政责任的渠道层层分解落实。目前，国家正在制定减排分配方案，对不同地区实行差别化的指标分配。全国各省（自治区、直辖市）将污染物排放总量削减任务分解到地市和重点排污大户。其中，很多地方还以严于国家下达的削减指标与各市和企业签订责任书。

《节能减排综合性工作方案》包括 40 多条重大政策措施和多项具体目标。其中包括：控制高耗能、高污染行业过快增长，加快淘汰落后生产能力，完善促进产业结构调整的政策措施，积极推进能源结构调整，加快实施 10 大重点节能工程，加快水污染治理工程建设，推动燃煤电厂二氧化硫治理，多渠道筹措节能减排资金，实施水资源节约利用，推进资源综合利用，强化重点企业节能减排管理，积极稳妥推进资源性产品价格改革，完善促进节能减排的财政政策，加强政府机构节能和绿色采购等。《方案》中对于项目开工建设中的环境影响评价审批、城市污水处理设施和配套管网建设、资源性产品价格改革、加快推行阶梯式水价、提高排污单位排污费征收标准，加强排污费征收管理等内容有着明确规定。

（3）鼓励性产业政策

我国政府出台多项政策，推动发展循环经济。国务院于 2005 年发布了《关于加快发展循环经济的若干意见》，要求按照“减量化、再利用、资源化”原则，采取各种有效措施，以尽可能少的资源消耗和尽可能小的环境代价，取得最大的经济产出和最少的废物排放，实现经济、环境和社会效益相统一，建设资源节约型和环境友好型社会。此外，《中华人民共和国循环经济促进法》已颁布实施。2010 年 4 月，国家发改委等四部委联合发布《关于支持循环经济发展的投融资政策措施意见的通知》，提出了在规划、投资、产业、价格、信贷等方面支持循环经济发展的具体措施。此外，国家发改委组织制定了《节能环保产业发展规划》，将对我国中长期的环保产业发展提出战略目标要求和详细的发展路线图，规划主要从高效节能、先进环保、资源综合利用三个方面入手，对技术、设备和产品服务等进行规划、布局。

此外，国务院批准了《关于进一步加强城市生活垃圾处理工作的意见》，提出：限制包装材料过度使用，探索建立包装物强制回收制度；逐步推行垃圾分类；全面推广废旧商品回收利用、焚烧发电、生物处理等生活垃圾资源化利用方式。目前，我国大部分乡镇地区的生活垃圾处理率不及50%，处理能力仅维持在无害化阶段，资源化率不及20%。根据该《意见》，到2015年，全国城市生活垃圾无害化处理率将达到80%以上，城市生活垃圾资源化利用比例达到30%。到2030年，全国城市生活垃圾基本实现无害化处理，全面实行生活垃圾分类收集、处置。有数据显示，目前全国城市生活垃圾每年产生量约为3亿t，按照每吨处理成本100元计算，处理运营市场将达到300亿元，加上工程投资、技术投资等，城市生活垃圾处理将带动上千亿元的市场。在这些领域，存在着大量的商机，也存在着很多和东盟国家合作的机会。

（4）支持性经济政策

国家发改委、财政部、国家税务总局等部委修订发布了《国家鼓励的资源综合利用认定管理办法》，通过对开展资源回收利用减免企业增值税、所得税、消费税来鼓励企业开展资源综合利用。例如，如果企业掺加不少于30%的煤矸石、石煤、粉煤灰、烧煤锅炉等其他废渣（不包括高炉水渣）生产的建材产品、企业利用废液（渣）生产的黄金白银、废旧物资回收经营单位销售其收购的废旧物资，国家将给予免征增值税的优惠。

2010年，国家发改委、科技部、工业和信息化部等6部委联合发布了《中国资源综合利用技术政策大纲》，其中共提出257项具体技术，涉及矿产资源综合利用，工业“三废”综合利用，再生资源回收利用，以及其他废弃物资源综合利用等方面。《大纲》的发布将对资源综合利用等循环经济领域发挥积极的引导作用。

2006年11月17日，财政部、国家环保总局发布了《关于环境标志产品政府采购实施的意见》，要求各级国家机关、事业单位和团体组织用财政性资金进行采购的，要优先采购环境标志产品，不得采购危害环境及人体健康的产品。实施意见还公布了我国第一份政府采购“绿色清单”，共涉及轻型汽车、复印机、打印机、传真机及多功能一体机、水性涂料、人造木质板材、木地板、家具、彩色电视机、轻质墙体板材、塑料门窗、白乳胶、建筑用塑料管材、建筑陶瓷、卫生陶瓷十四大类近千种产品。2010年4月，国家发改委等四部委联合发布《关于支持循环经济发展的投融资政策措施意见的通知》，提出了在规划、投资、产业、价格、信贷等方面支持循环经济发展的具体措施。

此外，中国政府发布了一系列相关的税收政策优惠和奖励政策，以鼓励各行业在生产过程中改变思路、积极创新，将绿色发展和清洁生产作为关系到企业自身利益的发展因素看待，切实做到经济、环境和社会效益相统一，建设资源节约型和环境友好型社会。

中国正处于绿色发展的起步时期，国内的一系列政策法规和标准体系还没有构成一个全面的、能够充分适应绿色发展需要的完整体系。因此，“十二五”时期将是对一系列相关政策和法规进行全面研究和完善的时期，也是向东盟乃至全球各国家的优秀相关经验学习的时期。中国政府希望，能够长期通过各种渠道与东盟各国进行更深入的交流，达到互利共赢。

二、柬埔寨绿色发展路线[①]

（一）柬埔寨发展概况

柬埔寨总体来说是一个农业国家，其总人口的80.25%居住在农村并以农业为主业，其中多数从事种植、养殖、渔业以及林业等产业。在过去的几十年当中，柬埔寨在社会发展与生态保护的很多方面取得了重大的进步，在教育、医疗、脱贫以及环保方面的进步都与“柬埔寨千年发展目标[②]”的精神相符合。

柬埔寨的经济发展迅速，同时，伴随着人口的快速增长以及气候变化，柬埔寨的自然环境和居民健康受到了很多负面的影响。因此，柬埔寨需要将绿色发展政策融入国家发展战略中使之成为发展的主流，同时加强执政者的执政能力，以提升国家发展的综合质量。

为此，柬埔寨环境部设立了“绿色增长路线图”，将绿色发展的理念和项目整合到国家发展战略当中。同时，柬埔寨设计了“矩形战略”，这个战略包含着一个核心和四个重要支柱。一个核心是执政能力的建设，其中包含两个层面。其中外围层面包括：保持和平、政治稳定和社会秩序，将柬埔寨融入世界，发展伙伴关系，以及为发展创造良好的宏观经济条件等；其中中心层面包括：反腐败，司法体系改革，公共管理体系改革，以及军事改革等。

“矩形战略”中包含着四个重要支柱。①加强农业建设：提高生产力和推动农业领域多元化发展，土地改革和排除地雷，渔业和林业改革；②加强基础设施建设：交通基础设施建设，水资源和灌溉管理，能源和电力网络发展，信息和通信技术发展；③发展私有经济和推动就业：发展私有经济、吸引投资，创造就业、改善工作环境，推动中小企业升级，确保社会安全网络建立；④人才培养和能力建设：提高教育质量，改善医疗服务，确保男女平等，落实人口政策，同时通过人才的培养加强政府的执政能力。

① 柬埔寨环境部环境影响评价司官员楚普・司武塔在“中国-东盟环保合作论坛2011：创新与绿色发展”上的发言，有所删节。

② 千年发展目标是联合国推动的旨在将全球贫困水平在2015年之前降低一半的行动计划。

（二）经济发展的绿色化

根据 2008 年的数据，农业、林业和渔业占柬埔寨全国 GDP 的 31.4%，以服装业为主的工业产值占全国总 GDP 的 27%，而第三产业所占比重达到了全国 GDP 的 36%，其中旅游业、地产业等服务性行业增长迅速。柬埔寨的人均 GDP 在过去的几十年中迅速增长（见图 2-1）。柬埔寨的人均 GDP 由 1960 年人均不到 200 美元增长到 2009 年的 706 美元。绿色发展的实施，能够推动可持续生产和消费，从而增强经济的可持续发展，同时有利于资源的平均分配。柬埔寨绿色发展的目标是使环境和经济发展相融合，创造就业机会，提高环境的承载能力，以保持长期的经济发展和健康的自然环境。

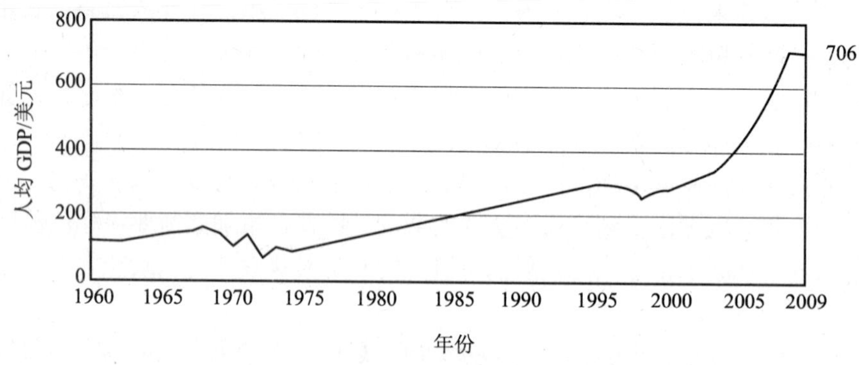

图 2-1　1960—2009 年柬埔寨人均 GDP 值

柬埔寨国家绿色增长的实现过程可以概括为七个获得，即七个“A”（Access）：获得清洁的水和卫生环境；获得可再生能源；获得信息和知识；获得更好的机动性；获得更多投资；获得食品安全和非化学产品；获得可持续利用的土地和水资源。在制定绿色增长路线图的同时，柬埔寨政府也认识到，人口的高速增长会对食品、医药和教育行业造成很大的压力，从而对国家的脱贫和可持续发展计划造成阻碍。

（三）柬埔寨的环境压力

在经济增长的同时，柬埔寨也面临着严重的环境问题。近年来，柬埔寨境内的土地大面积退化，其森林覆盖率已经由 1965 年的 73%下降到了不足 52%。而森林覆盖率的减少导致了生物多样性的下降，并间接影响了二氧化碳排放量。此外，固体废物的倾倒和工业废水的排放也严重影响了柬埔寨的自然环境，特别是城市环境。同时，柬埔寨政府也非常关注气候变化的减缓与适应问题。

（四）绿色经济发展道路

为了实现绿色增长路线图中的短期、中期和长期目标，柬埔寨政府采取了一系列方法和手段，其中包括：第一，建立部长级的国家绿色增长委员会，监督并实施绿色增长路线图；第二，通过开展“绿色工作环境”和“绿色家庭”等宣传活动提升大众环境意识；第三，将生态乡村、生态城镇等方案整合到国家发展战略规划中；第四，以提高资源利用率和“减量化（Reduce），再利用（Recycle），资源化（Reuse）”的 3R 原则为基础，开展产业绿色化的国家战略；第五，出台经济刺激政策，以推动可持续农业和农村地区建设，其中包括指数保险体系和微经济等政策；第六，启动创新性投资方案；第七，开展和提升国家环境产业活动。

（五）未来绿色增长的实施

柬埔寨计划将“政策，计划和执行框架”（PPIF）作为一个网络平台，帮助制定和规划相关的项目并进行监督。在该框架下，柬埔寨绿色发展的以上各战略规划之间的条理与关系将明确化，其进度和成果将受到监督。

柬埔寨的绿色增长路线图有三个广义上的目标。在短期（2～5 年）内，它将以刺激经济发展，创造就业和保护弱势群体为目标，并确保经济发展的可持续性；在中期（5～10 年）内，它将致力于推动可持续与包容性发展，并推动千年发展计划在经济发展、社会与环境稳定方面取得切实成就；从长期（10～20 年）来看，路线图将致力于减少柬埔寨的碳依赖性和生态系统退化。

三、印度尼西亚绿色产业发展情况[①]

（一）绿色产业和可持续生产消费

在发展中国家，政府对于国家的成长需要负更多责任，需要更加积极地推动社会的发展，提高人民的生活水平，促进经济的增长。同时，发展中国家的政府也需要考虑发展对于环境的影响。对企业来讲，除了考虑利润，还应积极采取措施减少其业务或生产对于环境的影响，履行企业的社会责任。

印度尼西亚的绿色产业致力于通过践行可持续发展的概念，使企业进行低碳化生产，努力减少生产与产品使用过程中的“碳足迹”，并为推动绿色经济的发展提供机遇、铺平道路。在印度尼西亚，一部分企业正在全面地、综合地发展和实行可持续生产消费。

印度尼西亚作为东盟主席国，与联合国环境规划署亚太地区办公室（UNEP-ROAP）和东盟秘书处一同发起并举办了东盟可持续生产消费论坛。该论坛的举办不仅为东盟成员国之间共享和讨论有关可持续生产消费的实践经验提供了平台，同时也为东盟国家参加联合国可持续发展委员会的第十九次会议和里约+20 峰会做出准

① 印度尼西亚环境部副处长沙巴 • 景庭在“中国-东盟环保合作论坛 2011：创新与绿色发展”上的发言，有所删节。

备、交换意见、未雨绸缪。首届东盟可持续生产消费论坛于 2011 年 4 月 25—26 日在印尼首都雅加达举办，第二届论坛也计划于 2011 年 10 月 27—28 日在雅加达举行。

印度尼西亚的各政府部门都在积极地推动绿色产业的发展。除印尼环境部之外，印尼工业部也参与了绿色产业的开发与发展。印度尼西亚政府于 1984 年出台了第 5 号法案，涉及工业事务，印度尼西亚工业部以此为指导积极推动绿色产业战略的实施，并鼓励企业积极推行环保措施。印度尼西亚政府期望，能以推动绿色发展为手段和契机，缓解和解决全球化时代中印尼遇到的诸多环境乃至经济结构问题。印度尼西亚希望通过推动绿色经济来提升绿色工业，并且使环境成本等一些以往在发展过程中被企业当作外部成本的因素内在化，使之成为衡量利润的因素之一，切实引起企业重视，发动企业主动进行转变，以达到经济、社会、环境等各方面的多元平衡。

（二）印尼的绿色经济

印度尼西亚对于绿色经济发展有着一系列的看法和期望，其中包括：①将以经济为纲的粗放型发展道路转变为经济、社会、环境多元平衡的可持续发展道路；②以提高资源利用率为手段，将生产过程中的自然资源和环境成本内在化，同时积极消除贫困，增加绿色就业机会，保障经济的可持续发展；③为经济发展和环境保护找到双赢的解决办法，这与印尼政府“有利于贫困人口、有利于就业、有利于发展、有利于环境”的政策充分一致；④绿色经济应可根据不同国家的国情做出相应的调整。

印尼认为，在绿色产业的发展中应采取一些具体的措施。例如，在生产过程中，应采用环境友好型材料代替可能给环境造成负面影响的材料。在产品的设计过程中，采取适宜环境的生态设计，尽量避免对环境的影响。此外，还应在建筑等领域推广资源节约型技术的使用，利用采光设计、节能板材的使用等手段减小建筑使用过程中的能耗。同时，还应注重温室气体的减排，通过改进、创新工艺高效利用自然资源，减少排量，并通过使用新能源、废品资源化等手段，减少生产过程中的能耗成本。最后，绿色产业的发展也包括生态交通，应鼓励新能源交通工具的使用，提高汽车尾气排放标准，减少温室气体排放。

印尼将很快进入绿色工业的改革时代。印尼不仅将注意力放在减少温室气体的排放上，而且更多地体现在综合性多元化的可持续发展方面。从另一个角度思考，目前全球都将绿色发展与可持续发展作为未来的发展方向，一些外资甚至将对环境的影响作为衡量投资的优先指标之一。印尼如果不积极地推动绿色工业的发展以及绿色经济的实施，很可能会失去那些将绿色工业作为优先合作内容的国际投资，从而对印尼的经济发展产生负面影响。

此外，印尼环境部启动了一项名为“PROPER”的企业环境绩效评级的项目，以鼓励和督促企业采取节能减排措施。该项目将对企业的生产工艺、生产过程中对环境的影响，以及废气、废液和二氧化碳的排放情况进行评估，并根据评估结果将企业分为五个级别，并以红色、蓝色、绿色等不同颜色代表不同级别。该项目旨在鼓励印尼企业自觉采取措施促进工艺创新，进行产业调整和升级，以“减量化、再利用、资源化”的原则，提升自身发展品质，并主动承担更多的企业社会责任。2010年有两家印尼企业获得了第五级，也就是最高级的评级，这对企业来说是一种荣誉。这一做法在其他东盟成员国中得到了很高的评价，很多国家提出希望对这一评级体系进行借鉴。在 2010 年度获得最高评级的印尼企业代表也参加了本次中国-东盟环境保护合作论坛。本书将在下一章中对印尼企业的环保经验进行介绍。

四、新加坡可持续发展战略[①]

新加坡的国土面积不大，并且自然资源和土地资源十分稀缺。因此，新加坡在很大程度上需要依赖进口来解决国内的资源、能源和食品需求问题。由于受到面积的限制，新加坡的环境基础十分脆弱，可持续发展对于新加坡尤为重要。新加坡政府在发展经济的同时必须考虑对环境的保护。为此，新加坡政府表示，要根据相关国际标准，参考对本国最有利的方法来进行环境的保护和管理。

根据自身特点新加坡在可持续发展的过程中遵循着几点原则。第一，进行综合的土地管理规划。新加坡的土地面积不大，因此，在规划过程中要进行更加细致、全面的考虑，以保证土地的高效利用。第二，采取务实的、成本效率高的实施方法。为了实现经济和收入水平的高质量的增长，新加坡必须考虑经济上的可行性。第三，采纳经过实践检验的新科技。要采用切实有效的新工艺、新技术改善环境，使其服务于新加坡的能源、污染控制以及水资源的管理等问题。

新加坡在可持续发展道路上遇到了很多挑战。从绿色经济的角度看，新加坡的经济和人口在不断增长，对资源的需求量明显增大。不仅如此，国际上对能源、食品等资源的竞争日趋激烈化，新加坡作为对外来资源依赖度较高的国家必然受到影响。在国际、国内资源市场的双重压力下，新加坡需要在未来做出很多努力以保证社会和经济的稳定发展。此外，新加坡作为国际社会的一员，需要负起责任，与国际社会共同面对很多全球性的挑战，如气候变化等。气候变化对很多东南亚国家造成了严重的影响。新加坡作为东南亚国家的一员，也应该承担其自身的责任。在这种背景下，新加坡需要一个合理的可持续发展战略。

新加坡在 2009 年发布了可持续发展的蓝图。该蓝图综合了经济的发展与环境的保护，提出了四点愿景。第一，提高资源效率。新加坡需要提高自然资源，特别是水和能源的资源使用效率。要通过减量化，再利用，资源化的原则，减少浪费，提高环境质量。第二，改善城市环境。通过城市的设计和规划，加入流水和绿化带，并通过治理，获得清洁的空气、水和土地，达到新加坡 2030 年的可持续发展目标，

① 新加坡环境和水资源部副处长李国安在“中国-东盟环保合作论坛 2011：创新与绿色发展”上的发言，有所删节。

使人们在高密度的城市中也能感到空间感和舒适感。第三，加强能力建设。通过开发新技术，提高改善能源使用、污染控制以及水资源管理的能力，应对高密度的城市给环境带来的挑战。第四，加强社区建设。通过推动公民与公民社区对于环境建设的参与，使个人与公共部门能够共同协作，实现新加坡的可持续发展目标。

新加坡的可持续发展的理念在于改变人民的生活、交流、娱乐和工作方式，这需要政府的积极行动，如开发、使用更多的新技术。但是，仅仅靠政府的力量是远远不够的。可持续发展需要每个人都参与进来，自觉进行可持续生产消费，改变旧的生活方式和消费方式，使新加坡真正进入经济和环境上的可持续发展。

五、越南可持续生产消费发展情况 ①

（一）越南的环境问题

越南自然条件优越、资源丰富、生物物种多样。但是由于在发展过程中只强调经济发展，忽视环境保护，产生了很多复杂的环境问题。首先，在自然资源方面，越南的矿产和能源消耗巨大，各种自然资源均受到了不同程度的破坏。其次，大量砍伐造成森林资源急剧减少，土地退化严重，越南的森林覆盖率锐减，在一些边境地区已无大面积的林地。此外，越南的海洋资源不断减少。由于气候变化和过度捕捞，越南的海洋环境和海洋生态系统遭到不同程度的破坏。同时，人口的快速增长、人为的污染和气候变化都对越南的自然环境产生了不同程度的影响。

（二）越南的环境政策与法规

越南政府针对发展中所遇到的环境问题制定了一系列的法律法规，对环境进行治理和改进。同时，越南也参与并且履行很多国际公约与宣言。目前，越南所履行和借鉴的国际环境协议和规划包括：《联合国 21 世纪议程》（Agenda 21）《联合国消费者指南》《世贸组织政府采购协议》《联合国国际清洁生产宣言》《联合国亚洲可持续消费指导》等。越南国内相关的环境战略和规划包括：《国家 21 世纪议程》《环境保护法》《国家环境保护行动计划 2010—2020》、国家各行业清洁生产行动计划、国家各行业清洁生产战略规划。其中，《环境保护法》由越南政府在 2003 年发布，并在 2005 年进行了修订，目前政府正在计划对该法案进行进一步的修订。该法案在制定过程中参考了《联合国消费者指南》《联合国清洁生产宣言》和《亚洲环境宣言》等文件，承载了越南在 21 世纪对于环境保护方面的要求。此外，越南在 2009 年公布的《国家环境保护行动计划 2010—2020》，针对不同行业制定了可持续

① 越南环境管理局国际合作与技术司处长黄丹颂在“中国-东盟环保合作论坛 2011：创新与绿色发展”上的发言，有所删节。

发展的规划。目前该计划已经进入了审核阶段，并且将在越南的各大城市率先实行。

（三）越南的可持续生产消费

可持续生产消费和绿色发展对于越南来说是一个全新的概念。对于越南这样的发展中国家，应当更多地考虑如何把这种全新的概念融合到国家的发展战略和规划当中去。目前，根据可持续生产消费的理念，越南政府正在着重推动 ISO 14000 环境管理系列标准的执行和清洁生产的实施。

可持续生产消费概念主要被应用在评估产品的使用周期、设计和服务方面。越南政府为此启动了一系列的项目，如 2005—2008 年实施的越南清洁生产中心（VNCPC）清洁生产服务开发项目。该项目旨在发展对于清洁生产的服务，并得到了瑞士联邦经济事务部（SECO）和联合国工业发展组织（UNIDO）的支持。同时，越南还注重提高能源使用效率与实施清洁生产机制（CDM），并致力于工业可持续生产模型的开发。越南政府希望能够通过此项目开发出适合越南国情的可持续生产和发展机制，此项目目前已处于后期的研究阶段，并将对越南的可持续发展提供理论支持。越南政府希望能够提升企业的社会责任意识，并与联合国工业发展组织共同启动了旨在提升中小型企业环境责任意识的项目。此外，越南还实行了绿色标志认证和能源经济标志认证（图 2-2），以推广可持续生产消费理念和推动企业转型。越南的绿色标志项目于 2010 年正式启动，其范围包含了不同行业，不同领域的产品。

图 2-2　越南绿色标志和能源经济标志

（四）困难与挑战

越南在推动可持续发展的过程中遇到了很多困难与挑战。例如，越南缺乏环境方面的完整法律框架。越南目前关于环境方面的法律只有环境保护法和少数具体的法规，缺少完整的法律框架和体系。此外，越南政府在环境管理方面的人力资源也有所不足，并存在机构执行力低的问题。另外，越南还存在着信息沟通不畅，财政支持不力，缺乏统一的环境标准，社会大众知识水平较低，消费者权益不能得到充分保护等问题。

越南的环境保护宣传和公众意识都比较落后。不仅如此，社会大众对于环境保护的认识，以及对绿色发展概念的了解存在着严重的城乡差距。如表 2-2 所示，在越南的农村地区只有 3.88%的人关心绿色产品，而了解相关知识的人只占到了农村地区总人口的 3.24%；而在城市地区的居民中，有超过 64%的人关心绿色产品，并且有超过 80%的人理解或部分理解绿色产品的概念。如图 2-3、图 2-4 所示，在农村地区，对于绿色产品的概念完全不理解的人群达到了农村总人口的 84.4%，对于绿色产品完全不关心的人也占到了农村总人口的 64.52%。从整体来看，越南总人口的 80%左右居住在农村地区。因此，表 2-2 中反映的现状，说明了越南在绿色产品、绿色发展方面的宣传还处于起步阶段，宣传力度不足，绿色概念的推广还有很大的发展空间。

表 2-2　越南关于绿色产品概念的调查

级别	城市	农村	平均
关心程度	占总人口比例/%		
关心	64.12	3.88	45.25
较关心	32.8	31.6	32.2
不关心	3.08	64.52	33.8
理解程度	占总人口比例/%		
理解	30.44	3.24	16.84
部分理解	51.25	12.36	31.8
不理解	18.31	84.4	51.3

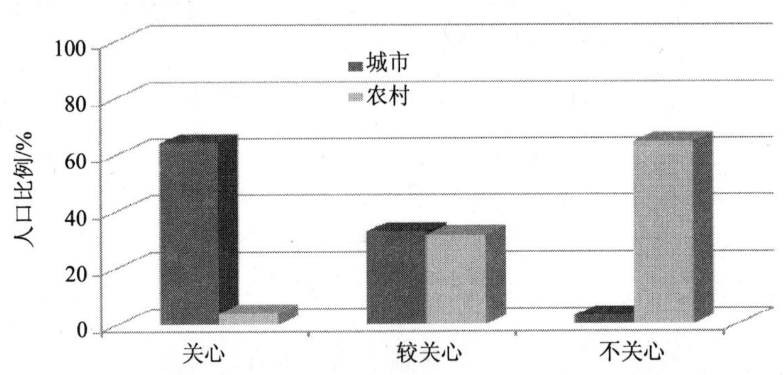

图 2-3　越南城市与农村人口对绿色产品的关心程度

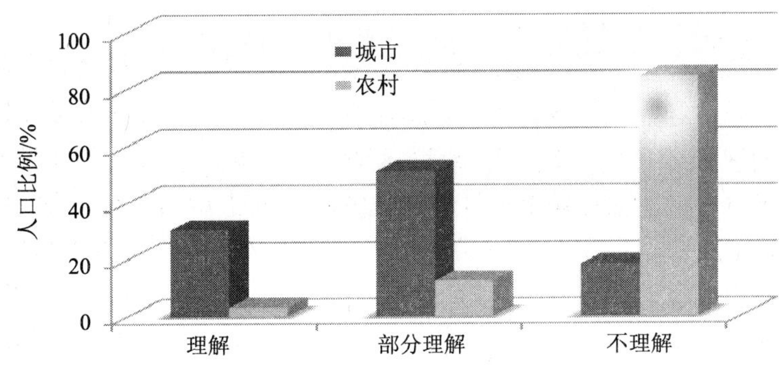

图 2-4　越南城市与农村人口对绿色产品概念的理解程度

（五）越南可持续生产消费国家框架

目前，越南正在就可持续生产消费起草国家性的框架和发展规划，并计划制订出 2011—2020 年国家可持续生产消费的战略。为了准备该框架的起草，越南通过研讨会等形式从中国等周边国借鉴了很多经验，力图开发出符合越南国情的可持续生产消费模式。越南在制定这一框架的过程中遵循了以下原则：第一，尊重生命、尊重自然、尊重伦理道德，并为公民创造均等的机会；第二，在保护环境的前提下推动经济发展；第三，在生产与消费的过程中减少原材料的使用和能源消耗；第四，使用环境友好型技术和产品，淘汰对环境产生负面影响的技术和产品；第五，提高对产品使用周期和售后服务的关注。随着该框架计划的制订，会陆续出台一些具体的文件与办法，如：《可持续生产消费优先领域 2011—2020》《国家可持续生产消费规划 2011—2020》《国家可持续生产消费行动计划》等。

越南的可持续生产消费框架将推出一些国家层面的优先领域。其具体优先领域分为四大类，共十个优先领域。第一类，开发环境友好型技术、服务和产品。其中的领域包括可持续生产消费和各个行业规划的整合、产品的绿色化设计、开发生态产品的市场、开展循环经济等，要将可持续的概念渗透进不同产业的各个环节中去，将可循环经济的理念融入产品的开发中去。第二类，消费者信息服务。其中的领域包括质量监督和控制，以及绿色标志项目的开展等，让消费者充分了解产品的质量及其标准，并推广绿色产品的概念。第三类，开展绿色采购。其中包括政府绿色采购项目、企业绿色采购等。越南政府采购所占的比例较大，推动政府绿色采购能够有效地推进产业的绿色转型。第四类，提升公众意识。其中包括公众可持续生产消费意识的提升和发挥公众可持续生产消费的主动性等。越南政府希望能够提高人们对于可持续生产消费概念的理解，并将绿色概念更积极地推广下去。同时，越南希望继续与周边的友邻加强交流和互动，互相学习，以促进和改进越南可持续生产消费行动计划的制定。

六、大湄公河次区域合作促进老挝绿色发展[①]

老挝的国土面积不大，处于大湄公河次区域（GMS）的下游。老挝政府充分认识到，本国的环境保护工作需要与大湄公河次区域的其他国家有共同的目标和一致的愿景。大湄公河次区域各国包括一些东盟国家，同时也包括中国，而中国更是在该地区的诸多合作项目中起到了重要的作用。

亚洲开发银行正在和大湄公河次区域相关各国合作，推动绿色增长战略以及生物多样性的保护。其合作主旨在于消除发展对环境造成的不利影响，改善投资执行效率，以及在气候变化的形势下取得可持续发展的切实成果。双方合作的领域包括交通、能源、旅游业、农业和自然资源等。到目前为止，该区域内已经基本实现了物质上的互通互联，并正在推动电信方面的设施建设且设立了路线图。老挝作为该网络中的组成部分，电力行业发展潜力巨大。

为了实现区域绿色增长，需要对区域基础设施建设项目进行详细分析。第一，要明确各方优先需求，要针对最需要的项目优先投资。第二，要分析投资效益和回报，并优先考虑对生物多样性有益的投资项目。第三，采取试探性实验的方法，增加相关技术的成熟度。第四，通过改进基线数据和加强监控措施，提高决策者的判断能力。第五，加强环境安全措施的建设。

近年来，大湄公河次区域的生物多样性工作在亚洲开发银行和相关各方的努力推动下取得了里程碑式的进展。大湄公河次区域核心环境项目生物多样性保护廊道项目（CEP-BCI）进入了实施阶段。在该项目下，生物多样性、经济与居民生计的整体可持续发展进入了初步试验阶段。同时，该项目还提出了生物多样性的跨界保护概念，以及能源、旅游等多领域的发展。此外，该项目还建立了决策支持模型，以帮助政府制定相关政策。在柬埔寨、老挝和越南，初步的生物多样性廊道建设规模已经达到了6 900 万美元。该项目还制定了支持各领域发展的协议，以及项目监控和决策支持协议。

CEP-BCI 项目在大湄公河次区域是一个新生的、有很大发展潜力的项目。该项目起到了区域环境保护的协调作用，并有助于区域交通、能源、旅游业、农业和自然资源领域的发展。同时，CEP-BCI 也是一个前沿性项目。该项目创建了很多推动生物多样性与经济可持续发展的新方式方法，提高了国家相关机构的能力，并将成功的经验传递到了亚太地区乃至全球。此外，该项目还建立了区域生物多样性保护并开发了相关数据库。

推动大湄公河次区域生物多样性保护的未来发展还需要很多方面的努力。第一，要对区域生态环境情况和发展趋势进行定期评估。要增加对现有生物多样性的认识，

---

① 老挝自然资源和环境部司长科邦・科拉在“中国-东盟环保合作论坛 2011：创新与绿色发展”上的发言，有所删节。

并对开发和气候变化可能造成的影响进行建模。第二，要充分认识生物多样性资源和生态系统的价值。要对生物多样性的现状和发展趋势进行评估，并改进决策支持模型。第三，要改进生物多样性保护的地域规划。运用 GIS 等工具确定并协调区域保护计划。第四，要改进保护区的管理。第五，要建立气候变化适应和缓解措施，以巩固目前取得的成果。

生物多样性的保护还需要可持续的金融政策的支持与协调。例如，生物多样性保护组织和一些国际机构的投资，以及旅游业、林业等相关产业方的投资。同时，也需要发展一些针对私营企业的融资，如企业社会责任和社会补偿等。此外，还包括支持农村地区教育和医疗的投资。

区域生物多样性的保护需要加强跨界合作。应制定区域对话机制，向决策者提供清晰易懂的科学理论和建议。要开展与国际机构的援助机制共同管理，制定国际协议、数据共享等交流机制。CEP-BCI 是一个实现生物多样性保护与可持续发展的区域平台，各方应加强在交通、能源、旅游、农业和自然资源等方向的沟通与协调，整合来自各环境保护机构、基金以及企业的资金，充分发挥这个平台的作用。

大湄公河次区域是全球排名前五的生物多样性热点地区。在经济高速增长的时期，区域内各国都面临着不同的机遇和挑战。因此，各方更应提出新颖、有效、实际的发展方案，促进可持续发展。CEP-BCI 是亚洲开发银行在大湄公河次区域的旗舰合作项目，并且有望推广到其他区域。随着各方的合作与努力，大湄公河次区域的生态保护与开发必将成为区域乃至全球的范本。

七、马来西亚绿色发展方案 ①

（一）背景

马来西亚的绿色发展由三个部分组成（图 2-5）。第一，政府管理，其中包括政策、立法以及指导方针等。第二，有关各方，其中包括政府机关、非政府组织和研究机构等。第三，资源，其中包括人力资源、基础建设和金融资源等。

（二）马来西亚的环境政策

马来西亚的国家环境政策旨在通过有利于环境的可持续发展，发展经济，推动社会和文化的进步，并提高人民的生活质量。马来西亚政府为国家环境政策制定了几个目标。一是要为当前和子孙后代创造一个清洁、安全、健康和有生产力的社会和自然环境；二是要调动全社会各方的力量保护国家独特而多元的文化和自然遗产；三是要建立可持续的生活方式和生产消费模式。

---

① 马来西亚环境司副处长南利·拉赫曼在“中国-东盟环保合作论坛 2011：创新与绿色发展”上的发言，有所删节。

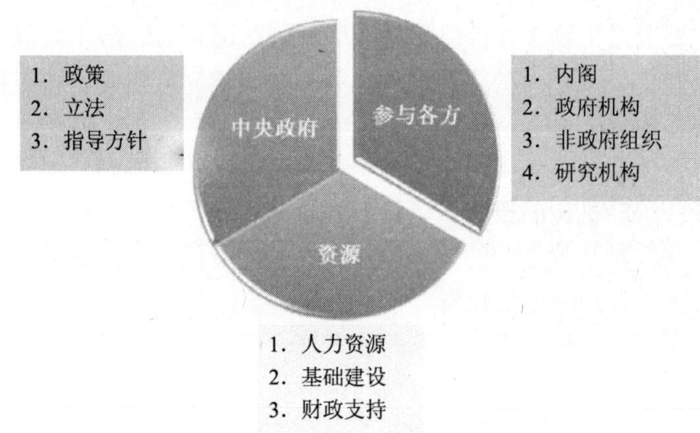

图 2-5 马来西亚绿色发展的组成

马来西亚的主要环境政策包括八个原则和七个绿色战略。八个原则分别是：第一，对环境积极管理；第二，保持自然的活力和多样性；第三，持续改善环境质量；第四，可持续地利用自然资源；第五，政府决策要经过综合性思考；第六，注重社会私营成分的作用；第七，注重诚信；第八，积极参与国际社会。

马来西亚的七个环境战略包括：第一，推广环境教育、提高公民环境意识；第二，对自然资源和环境进行有效管理；第三，制定综合性的发展规划，并积极执行；第四，预防和控制环境污染以及环境恶化；第五，加强管理建设和政府机构建设；第六，积极主动地参与区域和国际环境问题的治理；第七，制定并推动各项具体行动计划。

马来西亚的绿色科技政策旨在加速国家经济发展和推动可持续发展，涉及的领域包括能源、环境、经济和社会等。其中在能源方面，马来西亚寻求能源的独立与高效的利用。

（三）马来西亚的气候变化政策

在马来西亚的环境战略中，关于气候变化的部分对马来西亚来说尤为重要。马来西亚等东南亚国家受气候变化影响较大，国家各部门在对气候变化的适应方面做出了很大努力。能源部、自然资源与环境部等部门都参与了相关政策的制定和实施。马来西亚的气候变化政策旨在保证马来西亚的可持续发展能够与气候变化相适应，其政策的制定遵循着五点基本原则。第一，开发可持续发展的道路。要将适应环境变化的措施融入国家发展计划中去，以满足国家可持续发展的愿景。第二，保持环境和自然资源的可持续性。积极采取措施，应对气候变化对环境及自然资源产生的影响，以保证资源的可持续利用和环境的保持。第三，综合制定发展规划与行动计划。在制定国家发展规划和行动计划时将气候变化可能产生的影响考虑在内。第四，推动各方有效参与。积极推动利益相关方，如各大机构、企业等参与旨在适应气候变化的行动。第五，共同但有区别的责任。在共同但有区别的责任的原则基础上参与国际气候变化相关协议，并且考虑到个体的能力。

（四）马来西亚绿色发展机构

马来西亚的绿色发展得到了诸多相关政府部门和机构的积极参与，如内阁、国家机关，以及非政府组织和研究机构等（图 2-6）。其中，马来西亚自然资源与环境部环境司作为政府推动可持续发展的主要职能部门，主持制定了一系列的国家规划。该司制定了减少碳密度路线图，以及低碳经济道路。该司还推动并实施了工业的清洁生产项目、可持续城市项目、可持续学校项目等绿色发展项目。同时，该司还是马来西亚绿色科技委员会的成员。

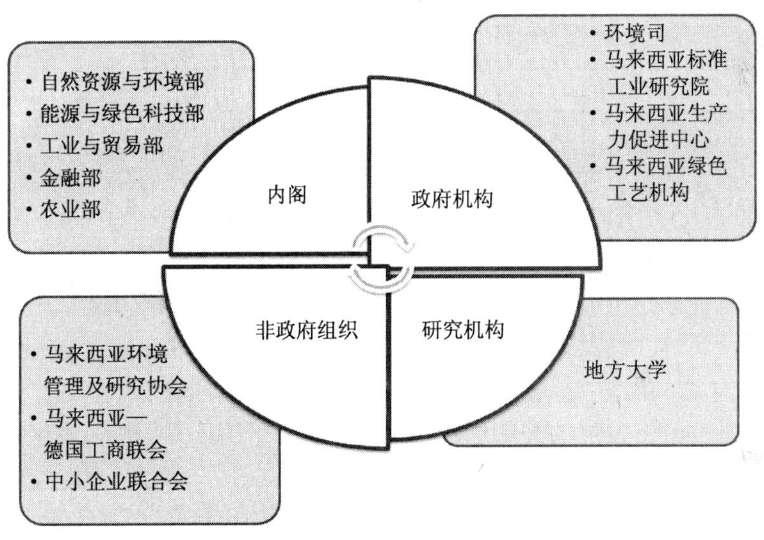

图 2-6　马来西亚绿色发展相关组织机构

此外，马来西亚能源与绿色科技部的绿色科技公司也作为相关职能机构促进了马来西亚绿色科技的发展。该公司的主要业务范围是推动绿色发展以及绿色生活方式。该公司还推进并实行环境友好型技术，制定了一系列为绿色技术融资的项目，如绿色科技金融体系（GTFS）等。同时，该公司和马来西亚规划师学院（MIP）合作，制定了一部马来西亚绿色城镇发展指南。马来西亚标准工业研究院（SIRIM）也是马来西亚绿色发展中非常重要的相关机构。该研究所主要从事国际标准的研究，生态标志、生命循环分析和绿色科技等项目的开发等工作。马来西亚金融部（MOF）与多部门一起制订了政府绿色采购行动计划与国家生态标志计划。此外，马来西亚林业部（JPSM）、农业部（MOA）、马来西亚生产力促进中心（MPC）和地方大学等也都积极地参与到绿色政策的实施中。

八、缅甸绿色发展规划 ①

缅甸是传统的农业国家，森林资源丰富，国家的森林覆盖率达到了 46.96%（表 2-3）。缅甸政府对土壤退化、生物多样性减少等环境问题非常关注，并逐渐将环境问题作为优先领域提上了国家议事日程。

表 2-3 缅甸土地类型

土地类型	面积/千 hm^2	比例/%
森林	31 773	46.96
其他林地	20 113	29.73
其他土地	13 869	20.50
内陆水体	1 903	2.81
总计	67 658	100.00

缅甸政府在环境方面的机构设置包括：国家环境保护委员会（NECC）、环境保护和林业部（MOECAF）等。其中国家环境保护委员会是柬埔寨国家环境保护和国际合作方面的中心机构，其前身是 1990 年建立的国家环境事务委员会（NCEA）。环境保护和林业部是由前林业部改建的，下设规划和统计司、林业司、干旱绿化司，缅甸森林公园司等部门。环境保护司目前由总统批准在该部开设。

缅甸的国家环境政策旨在合理利用自然资源与防止环境退化，通过综合考虑环境、资源与社会经济发展的关系达到三者的和谐与平衡，并提高公民生活质量。为此，缅甸政府制定了一系列政策与法规。

《缅甸 21 世纪宣言》（Myanmar Agenda 21）的制定旨在实现国家可持续发展。宣言清晰地阐述了社会、经济与环境之间的联系。《国家可持续发展战略》（NSDS）表述了“缅甸人民的健康和幸福”的发展愿景，并确立了三个具体目标：自然资源的可持续管理，全面的经济发展，以及可持续的社会发展。此外，缅甸现有 60 多份现存的与环境保护和管理相关的法律法规，国家环境法也已经由总统签署并交由国会通过。在缅甸政府制定的诸多法规中，有些侧重生物多样性的保护，有些鼓励和刺激个人投资。缅甸政府希望在保证人们对环境资源需求的同时维持良好的生态系统。另外，在国家协调委员会（NCC）的指导和 21 个机构的参与下，缅甸发布了国家环境表现评估（EPA）报告。报告分为七个主要领域：森林资源、生物多样性的

① 缅甸环境保护与林业司处长莱貌登在“中国-东盟环保合作论坛 2011：创新与绿色发展”上的发言，有所删节。

威胁、土地退化、水资源管理、固废管理、空气污染、气候变化。

缅甸对于绿色发展有着自己的立场。首先，绿色发展应该消除环境可持续性和经济发展之间的妥协和折中，使两者相辅相成。其次，缅甸认为低碳的绿色发展方向可以保证生态的可持续和经济的发展。因此，缅甸赞成东亚国家向低碳发展转变。

缅甸实施了多种绿色发展举措，如发展自然保护区等。缅甸的自然保护区数量在近几十年有着明显的增长（图 2-7）。永久性森林面积达到了 24%以上，并建立了 32 个野生动物保护区，1 个自然保护区和 3 座国家公园。

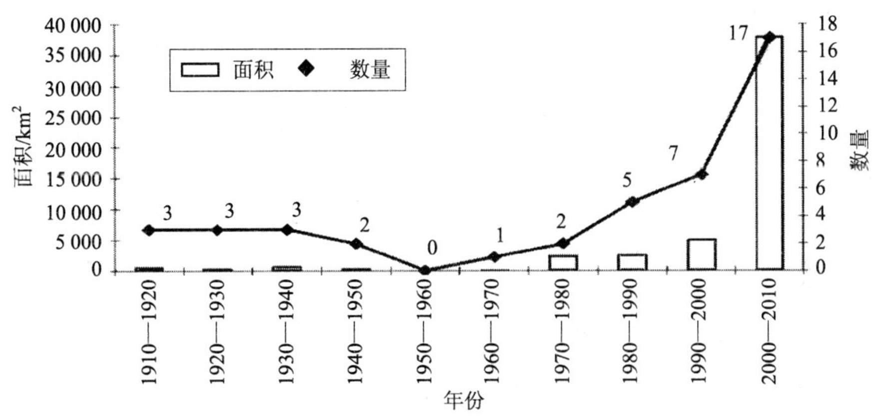

图 2-7　缅甸自然保护区的数量与面积

缅甸政府也制定了森林保护政策，并通过了多项国家项目并设立了森林绿化带。在工业和能源方面，缅甸政府设定了创建低碳社会的目标，并鼓励公民进行个人废品的减量化、再利用、资源化。同时，缅甸政府通过提供技术支持、鼓励清洁能源等方式实施环境保护政策。缅甸还鼓励使用清洁燃料，近 25 000 台柴油机动车被改造成了压缩天然气动力汽车。同时，缅甸还进行了清洁能源，如太阳能等技术的开发和利用。

缅甸在发展过程中也受到很多实际情况的限制。例如，缅甸的研究水平与研究资源有限，对于绿色战略的理解也不十分完善。此外，缅甸的绿色发展还受到了发展能力、设施、技术和资金等限制。

缅甸政府希望在今后的发展中，将绿色发展主流化，使其进入国家发展战略规划。同时，积极加强自身能力建设，提高公众环保意识，鼓励使用清洁能源，创造绿色经济，并且积极推动区域和国际合作。

九、菲律宾绿色产业发展情况 ①

（一）菲律宾的绿色产业政策

绿色产业的理念是通过绿色公共投资和执行政策，鼓励对环境负责的私人投资，从而实现可持续的经济发展。菲律宾政府推出了一系列的政策及法律措施以推动绿色产业发展和国家的可持续发展，如环境评价系统、危废控制法案，生态固废管理、水资源管理、生物能源、可再生能源法案，以及政府绿色采购等（表 2-4）。

表 2-4　菲律宾政府绿色发展相关政策法案

政策法案编号	内容	发布时间
PD 1586	环境评价系统	1978
RA6969	有毒、危险及核废料控制条例	1990
RA7942	菲律宾矿业法案	1995
RA8749	清洁空气法案	1999
RA9003	生态固体废物管理法案	2000
RA9275	清洁用水法案	2004
RA9637	生物燃料法案	2006
RA9513	可再生能源法案	2008
EO301	政府及政府下属机构绿色采购法案	2004

此外，菲律宾自然资源与环境部（DENR）还推动并实施了一系列政府项目以推动绿色产业的发展。菲律宾环境合作项目（PEPP）就是其中之一。该项目旨在支持各产业采取措施推动污染防治和清洁生产，并提供了推动企业绿色发展的一揽子刺激计划。该部还推动了工业生态监控体系，为企业的环境绩效进行评级。此外，菲律宾的清洁发展机制（CDM）项目也在京都议定书的背景下推动实施。该机制旨在减少温室气体排放，菲律宾已经有 57 个具体项目在联合国清洁发展机制委员会登记注册。

除自然资源与环境部外，菲律宾政府的其他部门也有一些绿色发展举措。菲律宾能源部启动了加快可再生能源替代现有能源的项目，并积极推动提高能源效率。菲律宾贸易与工业部推动建立世界级环境友好经济区，吸引国际投资。菲律宾旅游部在农村地区发展了生态旅游项目，对相关区域进行资金和技术援助。菲律宾科技部实施了一系列旨在加强菲律宾工业竞争力的综合型项目，以推广清洁生产技术的

① 菲律宾自然资源与环境部副处长吉伯特・冈萨雷斯在“中国-东盟环保合作论坛 2011：创新与绿色发展”上的发言，有所删节。

应用。

此外，菲律宾还成立了一些行业协会和全国性机构共同推动产业的自我规范和调节，如菲律宾商业和工业协会、菲律宾企业联合会、菲律宾出口商同盟、菲律宾污染控制协会等。

（二）菲律宾的绿色产业实践

菲律宾采取了很多发展绿色产业的具体措施，在水处理、废物资源化、沼气应用、余热发电、绿色建筑和其他诸多节能领域中有很多例子。如一家菲律宾食品公司（图 2-8），在生产过程中利用各种节水和循环水工艺，将生产过程用水减少了16.76%。一家菲律宾生活用品公司，在生产过程中利用废水进行设备冷却，并利用循环水技术，每日节水量达到 20m^3。

图 2-8 菲律宾食品加工企业利用循环水生产

此外，菲律宾多数糖业加工厂都利用生产过程中产生的甘蔗渣作为燃料，制造水蒸气，并利用蒸汽动力进行制造，同时产生生产所需的电力。此举在解决了生产废物处理的同时，还减少了生产成本和废物处理成本，一家糖业加工厂使用该技术，使得原本每年 280 万比索的燃料成本降至仅 27 万比索（图 2-9）。

图 2-9 菲律宾糖业加工厂

菲律宾的沼气发电也有成功的例子。例如，一家菲律宾废品处理厂和一家清洁填埋场收集废物产生的沼气并利用其进行发电（图 2-10）。沼气是已知的温室气体，此举可降低温室气体的排放，并提升该企业的环境等级。此外，菲律宾的水泥生产业将处理过的废物和生产过程中的一些衍生物中所含的热量用于生产，不仅减少了化石燃料的使用，还减少了温室气体的排放。菲律宾的绿色建筑公会报告指出，通过实行绿色评级制度，建筑业的温室气体减排量达到了 40%。此外，菲律宾还通过节能照明、节能建筑等节能项目推动绿色节能，使菲律宾全国节能节水量达到了 8%。

图 2-10　菲律宾垃圾填埋场收集沼气发电

十、文莱推动区域绿色发展 ①

文莱位于婆罗洲岛的北部，面积狭小。绿色发展对于文莱显得尤为重要。文莱需要保证各项资源被高效率地利用，而不会发生退化乃至遭受浩劫。因此，文莱十分重视可持续发展。文莱认为，可持续发展应包含三个方面，即社会发展、环境保护和经济与多元化发展，只有达到三者的平衡才能称为真正的可持续发展。

文莱面积狭小，但是仍有 3 300 多平方公里的森林面积，其国土面积的 58%均被热带雨林覆盖。这片热带雨林不仅覆盖了文莱境内大部分地区，还延伸到了同处于婆罗洲岛的马来西亚和印度尼西亚境内，被称为“婆罗洲之心”。因此，该区域的热带雨林和生物多样性保护显得尤为重要。文莱也和马来西亚和印度尼西亚一起，推动区域绿色发展合作，携手保护这片珍贵的自然资源。

文莱的绿色发展，不仅体现在区域合作上，也体现在国家层面的一些具体的政策和项目上。文莱的水资源相对贫乏，仅有 38%的人口可以获得清洁的饮用水。因

① 文莱发展部环境司代理处长哈扎赞尼彬提·哈吉诺克汉在“中国-东盟环保合作论坛 2011：创新与绿色发展”上的发言，有所删节。

此，文莱政府希望通过水资源保护和管理政策，减少人均水消耗量，改善居民不良用水习惯，实现清洁饮用水100%的普及率。同时，文莱的人均水消费也在该地区处于首位，通过这些水项目的推动，文莱也希望能够降低人均水消费水平。

此外，文莱的城市发展迅速，导致土地资源稀缺，城市密度加大。目前，文莱的相关部门正在严格地控制建筑开发项目。同时，文莱政府实行环境影响评价（EIA）系统，并将其整合到了建筑项目的实施过程中。对于环境影响较大和规模较大的项目，在执行环境影响评价制度的同时，文莱政府还施行了环境影响评价、污染控制和危险废品管理等法案，以加强对环境问题的管理和监督。文莱政府计划在2015年实现15%的垃圾回收率，在2020年实现20%的垃圾回收率。此外，文莱政府还计划提高能源使用效率，并在2030年将能源密度降为2005年的75%。近期文莱政府还开始了对塑料袋的使用限制。同时，文莱政府还尝试发展太阳能等清洁能源，并建立了一个示范性的太阳能发电厂，可提供约200个家庭的电力。文莱政府实施了上述在内的多项政策和项目以推动能源效率的提高，而该目标的达成则有赖于有关企业、社区和公民团体等各方的支持和参与。文莱致力于将绿色发展主流化，并将绿色发展的理念纳入国家发展规划之中。

文莱在绿色发展过程中也遇到很多挑战。首先，文莱缺乏相应的公众意识和教育，公众的行为方式缺乏转变。由于资源的限制，文莱的绿色发展面临着人力资源的不足，尤其是缺乏有相关经验、技能和知识的专业人才。同时，文莱对于绿色科技和清洁生产的了解不够，缺乏相关的法律框架和管理方法，难以达到公众和利益相关方的期望值。但是，通过与区域各国进一步的经验交流和创新推广，文莱有信心制定良好的政策，并与各国携手推进可持续发展。

第三章　绿色创新与产业合作

一、中国环保产业的发展与合作 ①

（一）绿色产业与环保产业

绿色发展已经成为当今时代的潮流，对于产业来讲，也应该是绿色的产业。根据国际绿色产业联合会（International Green Industry Union）的定义，如果在生产过程中基于环保考虑，借助科技，通过绿色生产机制实现节约资源、减少污染（节能减排）的产业，即可称为绿色产业。

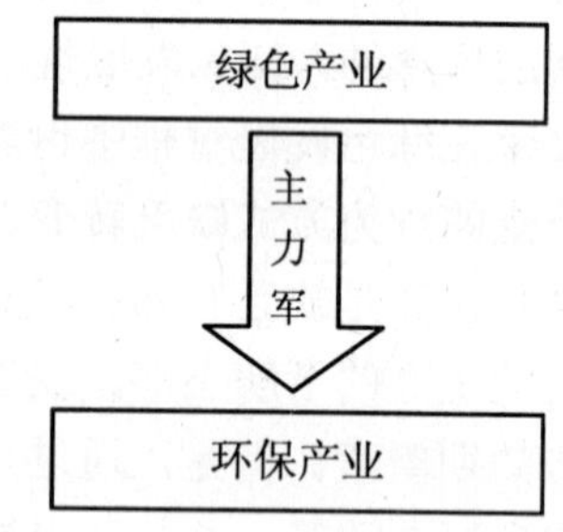

图 3-1　绿色产业与环保产业的关系

在我国，绿色产业是指积极采用清洁生产技术，采用无害或低害的新工艺、新技术，大力降低原材料和能源消耗，实现少投入、高产出、低污染，尽可能把对环境污染物的排放，消除在生产过程之中。因此，环保产业应该是绿色产业的主力军。

（二）中国环保产业的发展概况

中国的环保产业经过 30 多年的努力，从简单的“三废”治理，如今已经发展成具有环境基础设施建设、环保产品、资源循环利用、环境友好产品、环境服务的环保产业体系。

随着国家环境保护力度的不断加大和环保产业政策的日趋完善，环保产业快速发展，产业领域不断拓展，产业结构、技术和产品结构逐步优化升级，运营服务业发展加快，为环境保护和污染物减排作出了贡献。现在，中国环保产业的从业单位大约有 3.5 万家，从业人员近 300 万人，总收入额已经达到了 1 万亿元。

① 中国环境保护产业协会副会长樊元生在“中国-东盟环保合作论坛 2011：创新与绿色发展”上的发言，有所删节。

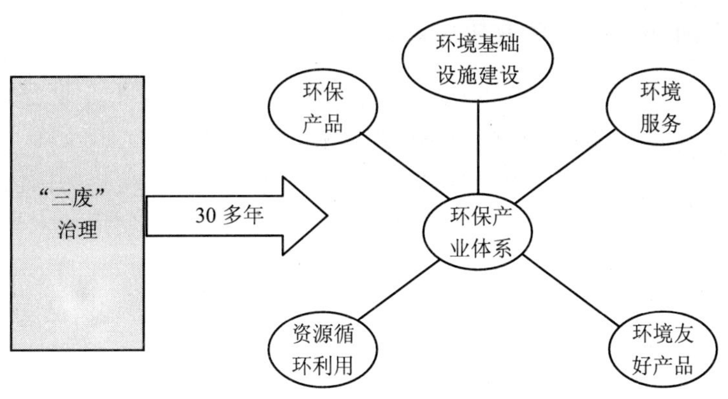

图 3-2　中国环保产业体系

“十　五”规划以来，中国的环保产业加大了城镇污水处理、工业废水处理，除尘脱硫、机动车尾气控制、垃圾处理、噪声与振动控制，以及在环境监测方面，研发新技术并形成了生产能力和装备能力。已经基本满足了中国环境保护治理的要求。

我国的污水处理厂已经具备了三大工艺，可以实现从设计、建设、运营、管理整套技术以及成套装备。在除尘方面，我国的电除尘等已经达到国际先进水平，电除尘器目前已经出口 30 多个国家。

“十二五”期间，中国的环保产业仍将紧紧围绕环境保护重点工作，以污染防治为发展主线。中国确定的发展目标是，到 2015 年，单位国内生产总值能源消耗、二氧化碳排放分别比 2010 年降低 16%和 17%，化学需氧量（COD）和二氧化硫（SO_2）在 2010 年的基础上削减 8%，氨氮（NH_3-N）和氮氧化物（NO_x）在 2010 年的基础上削减 10%。

围绕“十二五”的治理目标，我国仍然要在环保产业上加大以下几个领域的发展：一是水污染防治。“十一五”期间，我国已经在大城市基本建立了污水处理厂，“十二五”期间要在中小城市甚至乡镇城市建造污水处理厂，同时对于提高标准的污染治理企业，要进行污水的深度处理。在江河和湖泊方面也要进行治理。二是大气污染防治。“十二五”期间要加强氮氧化物的治理。三是固体废弃物的处理处置。我国要解决好生活垃圾的治理问题，同时还要开展危险废物的处理和医疗废物的处理。这些方面通过多年的积累，我国已经形成一套治理技术和设备；四是环境监测。“十二五”期间，我国要形成监测网络体系，要建设自动的监测装备，同时要对污染排出的企业进行在线的自动装置，以便于加强对排污企业的节能管理。五是环境服务业。为了使污染设施能够正常运营，在“十二五”期间，从环保产业的角度，我国要推出环保服务业，也就是使服务设施能够专业化运营、社会化运营，使我国的服务设施发挥应有的作用。

（三）中国环境保护产业协会的职能

中国环保产业协会由中国环境保护部直接领导，下设 11 个专业委员会，在每个省市的地方都设有协会，有 1 000 多家高端产业会员。

中国环保产业协会可以为政府提供有效的信息和服务；可以为国内外环保企业提供信息、咨询和交流的平台；同时可以承担国家重点环保实用技术与示范工程，在“十一五”期间中国环保产业协会也在各个领域开展了一系列的示范工程，通过示范工程，提高了我国技术水平和装备水平；此外，协会对很多产品实行环保认证，以确保我国的产品是绿色的产品、环保的产品。

协会为国外环保企业进入中国环保市场提供了有效的支持和帮助，每年接待几百家来自于北美、欧洲、日本、韩国等国家和地区的环保企业。通过协会的帮助，很多国外企业找到了合适的中国合作伙伴。

通过协会承担的政府间双边合作项目，如中韩共同研究项目、中美环保产业论坛、中意环保项目、中丹环保合作项目、中瑞环保产业合作项目等已取得了很好的业绩。

（四）中国-东盟的环保产业合作

中国环保产业协会也希望在中国和东盟的整个合作框架下能够进一步地开展合作。过去已经开展的合作包括“澜沧江—湄公河国际合作项目”、“东亚酸雨监测网”等项目。此外，在海洋环境保护、跨境生态安全、次区域生态安全、热带雨林保护以及泛北部湾环境合作机制方面，协会也开展了积极的合作。

中国环保产业的科技水平在不断提高，许多方面已经达到国际水平。产品品质好，可以提供优质保障，并且价格适中。在全球经济一体化快速发展和中国—东盟自贸区全面建成的新形势下，中国与东盟在环保领域的合作将有利于带动双方环保产业的发展，从而进一步促进双方在多领域的合作，促进区域可持续发展。

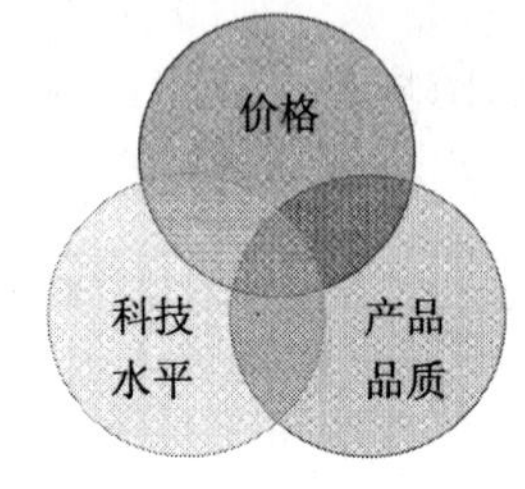

图 3-3　中国环保产业优势分布

二、中国广西南宁市环保实践与经验[①]

南宁是广西壮族自治区首府，历来重视环境保护工作，始终坚持生态立市战略，

① 中国广西壮族自治区南宁市政府副市长石怀文在“中国-东盟环保合作论坛 2011：创新与绿色发展”上的发言，有所删节。

致力于建设生态宜居、环境优美、可持续发展的现代和谐城市，并先后荣获“全国绿化模范城市”、“联合国人居奖”、“全国文明城市”、第六届中华宝钢环境奖等荣誉，初步探索出一条物质文明、精神文明、政治文明和生态文明同步协调发展的新路子。南宁市的主要环保做法是：

（一）稳抓资源型产业改革创新，破解循环经济发展难题，实现产业结构升级换代

南宁市工业经济是以资源型的甘蔗、木薯生产为支柱产业，近年来，南宁市把发展循环经济作为加快经济结构调整的重要举措，从淘汰高能耗、低产出、重污染的生产工艺入手，立足于产业化升级，通过体制改革和技术创新，逐步构建起较为完善的企业循环经济发展模式，实现了资源型产业生产的生态化。以糖业产业为例，通过发展循环经济生产模式，开发建成甘蔗—制糖—复合肥和甘蔗—制糖—蔗渣—造纸—碱回收两条主线的工业产业链。在这个生态型工业产业链中，生产过程初步实现了良性生态循环，资源得到最大限度节约，污染物产生实现最小化。对于同样存在高污染问题的木薯、淀粉、酒精生产行业，我们通过建设高标准废水厌氧-好氧生化治理设施，不但实现废水处理现场稳定达标排放，而且淀粉废水厌氧过程产生的沼气可用做生产燃料，可节约用煤量50%以上。随着木薯渣烘干再次利用技术的推广，使木薯产业成为真正意义上低碳经济的产业链。

（二）构建绿色生态宜居城市，提高大气环境和居住质量

“十一五”以来，南宁市一方面在改善大气环境质量工作中加大对工业烟尘和粉尘的减排力度，积极推广应用水煤浆，形成南宁清洁能源模式。既解决市区发展都市型工业燃煤污染问题，也为企业减污增效提供新途径。市财政每年安排600万元专项资金，专项用于水煤浆推广应用。另一方面加大对城市建筑施工扬尘的治理力度。要求市区内所有建筑工地做到定期洒水，防止扬尘飘起；施工现场出入口做到混凝土硬化、配备高压水枪清洗等措施，并实行建筑垃圾密闭化运输，有效解决建筑渣土运输车辆带泥上路引发扬尘污染的问题。

“十一五”期间，南宁市空气环境质量得到显著改善，特别在2009年市区环境空气全年优良率突破99%，优良天数达到362天，而且一级空气为优的天数达224天，创历史新高。空气中三项主要污染物二氧化硫、二氧化氮、可吸入颗粒物浓度均降至近十年最低浓度。

（三）实施绿色产业发展战略，大力发展环保产业

南宁市把推动绿色产业发展作为经济发展重要战略，以绿色生态产业发展促进经济结构调整，形成一批绿色生态产业基地和产业链。截止到2010年年底，南宁市绿色产业销售总额约为8.85亿元。今后南宁市将拓宽环保产业的投融资渠道，运用

融资租赁等金融方法促进环保产业的创新与发展。

随着全球环境污染、资源紧张等问题日益凸显，能源和环境问题已成为制约人类发展的主要矛盾。2011 年 5 月正式启动的中国-东盟环境保护合作中心，对进一步深化双方合作具有重要意义，是双方推动环境保护合作的重要平台与桥梁。发展绿色环保、节能低碳的经济产业必将成为社会发展趋势，绿色创新正成为企业新的竞争力，产业链的每个环节因绿色而连接得更加紧密。绿色宜居、环境优美的南宁有着良好的投资环境，我们真诚希望各位企业家、专家学者和政府官员广泛寻求合作机遇，全面深化贸易合作，共同提高双方在环境管理政策、技术等方面的交流与合作，使更多绿色产业落户南宁，促进本地区的可持续发展。

三、共同保护环境　共谋绿色发展①

柳州位于中国广西壮族自治区中部，下辖六个县四区，总人口 370 多万。它地处长三角、泛珠三角、大西南与东盟经济圈的连接地带，是泛北部湾经济合作区域的重要组成部分，是中国连接东盟的重要通道城市，也是广西的工业重镇，工业总量占广西的四分之一强，现已经形成以汽车、冶金、机械为支柱，化工、建材、造纸、制药等产业多元的工业体系。去年，柳州实现地区生产总值 1 260 亿元，工业总产值 2 600 亿元，财政收入 200 亿元，人均 GDP 在广西率先突破 5 000 美元大关。

加强环境保护，建设绿色家园，促进可持续发展，是全人类共同的使命。近年来，柳州始终坚持“三个同步”（工业发展与环境保护同步推进，宜居城市与国民经济同步发展，城乡人民生活水平与经济社会发展水平同步提高）发展理念，通过严格环境准入，推进污染减排，实施重污染企业搬迁、产业结构调整和技术改造升级，实现了环境效益和经济效益的内在统一，污染防治与生态保护的有机结合，生态环境得到极大改善。今天的柳州工业发展与环境保护同步推进，宜居城市与国民经济同步发展，城乡人民生活水平与经济社会发展水平同步提高，真正实现了由纯粹的工业重镇向生态宜居工业新城的华丽转身。柳州母亲河——柳江常年保持国家地表水Ⅲ类标准；市区空气质量优良率长年达 97%以上。

“中国人居环境范例奖”、“中国经济转型示范城市”、“中国节能减排二十佳城市”、“中国十大美丽城市”，工业柳州正以“工业城市中山水最美，山水城市中工业最强”展现在世人面前。

探索环保新道路，推进产业绿色发展，需要构建有柳州特色的产业绿色发展创新体系，赋予产业绿色发展新内涵。

① 中国广西壮族自治区柳州市政府副市长董旭辉在“中国-东盟环保合作论坛 2011：创新与绿色发展”上的发言，有所删节。

（一）按照科学发展战略，加快产业结构调整步伐

积极发展高新技术产业，重点发展机电仪一体化、生物工程与制药、新材料等产业，形成以重点骨干企业为龙头，产业链为基础的产业集群，积极推进技术升级和产品更新换代，最终实现产业格局向“543”格局转变。

（二）提升自主创新能力，全面推进产业、企业和产品升级

推进公共技术平台建设。整合现有资源和技术力量，加快信息化与工业化融合。重点培育各级企业技术中心，建设创业服务中心和技术创新平台，支持企业对共性关键技术进行消化吸收与创新，推广先进技术和先进适用技术的应用，加快产业技术进步步伐。

全面推进产业升级。对于支柱产业，淘汰落后产能，推动以柳钢为代表的冶金产业由初加工向深加工、出精品升级，推动以上汽五菱为代表的汽车产业由生产低端汽车为主向生产中高端汽车为主升级，推动以柳工为代表的机械产业产品由国内和区域品牌向世界顶尖品牌升级；加速制糖、建材、造纸、日化等传统优势产业向高端化升级，努力延长产业链。

全面推进企业和产品升级。推进企业兼并重组，引导和扶持企业提高核心竞争力。实施品牌战略，以创牌促创新，以创新创品牌，突出抓好工程机械、汽车、制药、有色金属、日用化工等产业的品牌创建工作，推动工业产品升级。

（三）加快发展园区工业，促进产业集群发展

立足环保立园、项目兴园、特色驻园、科技强园，积极引进科技含量高、关联度大、产业链长的大项目，加快产业集聚，形成产业集群。重点打造柳州阳和汽车产业园和河西机械产业园两个千亿园区；以柳东产业集聚区为依托，以汽车整车及零部件制造为核心，把柳东新区打造成广西汽车产业基地，塑造柳州“中国-东盟汽车城”新形象。

（四）发展第三产业，实现经济由第二产业主导型向第二和第三产业共同主导转变

发展一批有产业依托，能拉动工农业产品销售，有市场发展潜力的物流重大项目，形成各具特色、主业突出、功能完善的现代服务业集聚发展格局。做大做强一批专业批发市场，打造一批特色商业街，积极发展家庭服务业，完善城乡商品流通网络，实现城乡、内外贸一体化，把柳州建成现代制造业物流中心、商贸中心。

（五）突出生态品位和宜居特点，不断推进城市功能完善和质量提升

全面开展生态市建设，大力发展循环经济，推进节能减排，推行清洁生产。深

入开展环境综合整治，深入实施“碧水蓝天，青山绿地”工程，强化生态景观性、协调性、科学性和文化性，提升城市生态品质，让城市处处体现生态宜居理念，时时透出环保智慧之光，全面打造生态工业柳州，宜居幸福城市，建设“五美五好”（五美——山水美、环境美、形象美、气质美、和谐美；五好——人人都有好发展、家家都有好保障、个个都有好身体、天天都有好心情、户户都有好生活）柳州。

地球是人类共同的家园，推动和发展绿色产业，促进可持续发展，需要人类的共同努力。柳州市将通过东盟博览会主题论坛这个平台，更好地学习国内外先进理念、先进技术和做法，同时也希望与东盟各国投资者合作，共同建设绿色家园，为实现可持续发展作出应有的贡献。

四、中国-东盟产业合作与环境保护 ①

（一）中国-东盟产业合作形式

1）贸易形式

在中国-东盟自由贸易区制度安排下，双方贸易合作成绩显著。中国商务部网站统计资料显示，2010 年中国和东盟贸易额为 2 927.76 亿美元，同比增长 37.5%。其中，中国向东盟出口达 1 382.07 亿美元，同比增长 30.1%，从东盟进口达 1 545.69 亿美元，增长 44.8%。2011 年 1—6 月，双方贸易额达到 1 711.16 亿美元，同比增长 25.4%。目前，中国已经是东盟第一大贸易伙伴，东盟也超过日本（1 623.48 亿美元）成为中国第三大贸易伙伴。

2）双方贸易商品结构

中国从东盟国家进口的主要工业品及原料包括：机电产品、塑料橡胶、原油、矿产品、木薯、淀粉和植物油等。

中国向东盟国家出口的主要工业品及其原料包括：机电产品、化工产品、纺织服装及其原料、贱金属及制品等。

3）投资形式

《投资协议》签订后，中国和东盟各国之间的双向投资不断扩大，截至 2011 年 6 月底，累计投资额近 800 亿美元。特别是近年来中国对东盟的投资不断扩大，迄今投资额近 130 亿美元，其中近一半是近两年实现的。东盟已成为中国企业“走出去”的重要目的地。

中国和东盟投资合作领域主要有：机电产品及其零部件、矿产品开采、纺织服装及其原材料、蔗糖、造纸、建筑材料、饲料等部门的生产加工。

---

① 广西社会科学院东南亚研究所常务副所长、副研究员农立夫在“中国-东盟环保合作论坛 2011：创新与绿色发展”上的发言，有所删节。

4）工业发展容易造成环境污染

工业发展过程中通常带来许多垃圾，如废旧工业品、汽车尾气排放、工厂废气、污水的排放、空调排放等。另外，矿产品的开采及加工，对环境破坏性很大。

（二）中国-东盟需要加强环境保护合作

工业发展给人类生产生活带来方便的同时也带来工业垃圾。工业垃圾对环境造成很大的破坏，严重威胁到人类的身体健康以及生存和发展。因此，中国-东盟工业合作的同时需要加强环境保护的合作。建议在以下几个方面加强合作：一是合作生产环保工业产品，如利用电能和太阳能生产各种汽车；二是合作处理工厂排泄的废气和污水；三是合作处理城市生活垃圾和污水；四是合作治理环境污染；五是生物多样化保护合作。

五、合作的力量：企业伙伴关系 ①

美国环保协会基金（EDF）旨在解决人类当前所面临的严峻问题。这些问题也是美国环保协会的工作重点，主要包括：气候、海洋、生态系统和健康。美国环保协会的工作有四个指导原则：一是以科学为基础；二是以市场为手段；三是符合国家政治和法律体系；四是注重合作。

（一）EDF 企业伙伴关系项目模型

美国环保协会给不同机构提供知识，希望能够使得整个行业发生转型，而不仅仅是给个别公司创造经济利益。在这种情况下，美国环保协会所做的合作项目，都是对外公开的。并且和很多公司的合作并不收取费用，因为美国环保协会的主要目的是帮助他们进行改进。

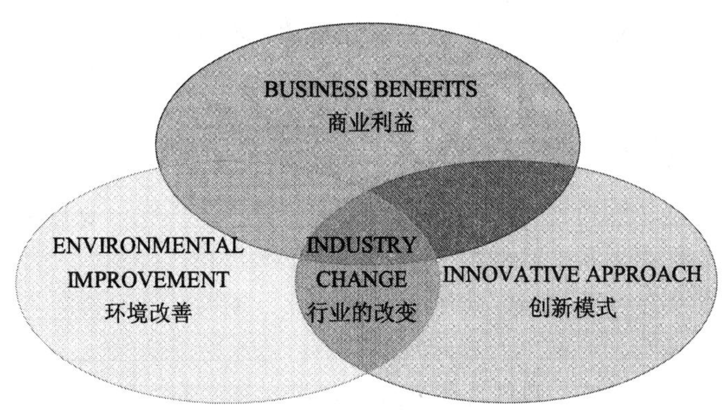

图 3-4　项目模型图

① 美国环保协会副总裁杜丹德在“中国-东盟环保合作论坛 2011：创新与绿色发展”上的发言，有所删节。

（二）工作实例与创新

1）清洁运输车辆项目（Clean Fleets）

美国环保协会与快递公司 Fleets 的合作，创造了新一代运输工具。该合作项目的成果是在美国加利福尼亚第一个开发出了混合型动力车辆。这种新型运输快递设备使得能效提高了 50%。由于主要使用柴油，在这种情况下，可以减少约 90%的颗粒物排放。这种混合型汽车当时在市场上并不多见，但是现在市场上这种技术可以得到适当应用。因此，美国环保协会可以与各种行业的合作商在设计上或生产上进行合作。

2）沃尔玛项目（Greening the Global Supply Chain）

巨大的购买力对全球供应链会产生巨大影响。大型公司应该使得其供应链满足环境保护的要求。这是一个与沃尔玛公司清洁剂有关的案例。为了减少浪费，沃尔玛公司出售一种清洁剂，这种清洁剂运用了一些新技术，应用到整个产品线中可以节省 1 亿加仑（1 加仑=3.785 4L）左右的水，另外还可以节省 370 亿美元左右的塑料包装。由此可以看到，一些细微的变化就可以节省 1 亿美元的资金。

3）绿色收益项目（Green Returns）

在美国，私募基金控制的资金大概是美国整个 GDP 的 6%左右。为利用好私募股权，美国环保协会建立了一个项目体系。在这个体系中可以快速找到新技术，并且在这些技术被收购后，就能立刻使用。两年前，美国环保协会与 KTR 合作时，就是通过这个项目体系给 KTR 带来了收益。在与 KTR 合作过程中，使得其能效得到提高，并节省了约 1.6 亿美元资金。

4）气候团项目（Climate Corps）

该项目是美国环保协会的绿色使者项目，目的是培养新一代商业领袖。项目的主要内容是对学员进行培训，并让他们到能效高的企业去参观学习。比如，2011 年推出的气候团项目就与宝洁、微软公司等大企业进行合作，为学员提供赴这些企业学习的机会。

（三）环境创新收益

下图是一些企业通过与美国环保协会合作在环境和经济收益上所发生的变化。通过这些合作，可以帮助企业减少成本、开拓新市场、降低风险，提高声誉、吸引投资者。比如沃尔玛就通过绿化供应链项目吸引了更多投资者。

据统计，美国公司和个人未开发的节能价值高达 1.2 万亿美元。绿色转变和绿色发展是一种好的做法。通过合作开发新技术，进而在整个地区推广并规模化应用，最终将带来全行业的改变。

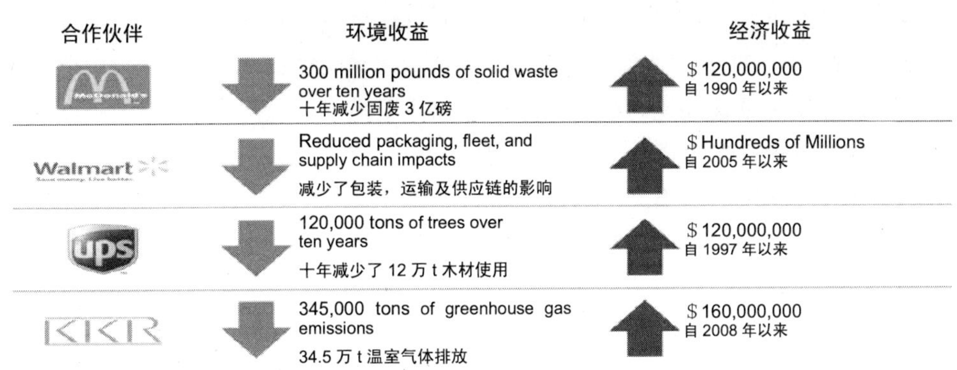

图 3-5　合作伙伴的环境收益与经济效益

六、环保企业创新实践：桑德环保集团①

桑德环保集团的发展离不开中国环保业蓬勃发展的大背景。中国环保产业经过30多年来的发展，取得了长足的进步，已经从初期的以“三废”治理为主，发展成为包括环保产品、环境基础设施建设、环境服务、资源循环利用等门类齐全的产业体系。在中国的“十二五”规划中，环保产业被列为战略性新兴产业。预计“十二五”期间，中国环保产业投资将至少有 3.1 万亿元人民币，未来五年的复合增长率为 15%～20%，环保产值在 2015 年将有望达到 GDP 的 7%～8%（以上数据来自《桑德视界》2011 年 3 月）。中国环保产业的边界和内涵仍在不断延伸和丰富，对国民经济的直接贡献也由小变大，逐渐成为改善经济运行质量、促进经济增长、提高经济技术档次的产业。

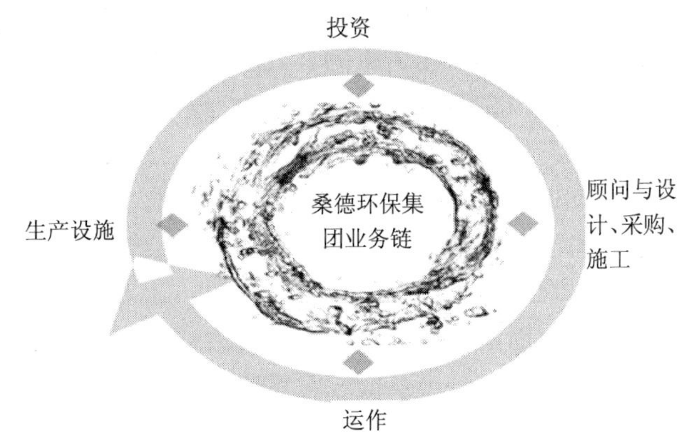

图 3-6　桑德环保集团业务链

① 北京桑德环保集团国际部总经理魏娓在“中国-东盟环保合作论坛 2011：创新与绿色发展”上的发言，有所删节。

桑德正是在中国开始环境治理步伐中诞生和崛起的代表性企业。它成立于1993年，至今已有18年环保产业经验，是中国目前最大的民营环保企业。集团下辖两个上市公司，分别为桑德环境与桑德国际。桑德环境是中国境内主板上市公司，专业从事固废处理业务；桑德国际先后在新加坡与中国香港主板上市，专业从事供水及污水处理业务。桑德集团也是中国第一家同时拥有境内外上市公司的环保企业。

目前桑德已经构建起涵盖投资、设计、建设、运营环保设备制造等全方位环境产业链条，业务涉及市政给水、市政污水处理、工业给水与废水处理、城市垃圾处理、工业固体废弃物处理、清洁能源开发利用等完整的产业板块，全面领先中国国内其他环保企业。可以说，桑德的发展历程，就是中国环保产业发展的缩影。

当今世界，区域合作已成为和全球一体化同等重要的经济发展命题，诸多国家已经从单一诉求的GDP发展转向谋求绿色的、可持续发展，“环境产品和环境服务”再次成为各大国际会议的重点议题。桑德集团作为一家全球性经营的环保企业，在自主研发环保领域新技术的同时，也十分注重国际应用与交流，积极与各国展开合作，尤其是引进、吸收发达国家在环保产业的新进技术方面，桑德逐渐摸索出一套“消化吸收——为我所用”的本土化模式。

北京阿苏卫生活垃圾处理项目就是一个国际合作的典型案例。桑德参照了加拿大处理厂的工艺，引进美国肯特公司的回转窑技术，从德国进口密度分选机，并在加拿大的翻堆机、布料机技术基础上改造设计，使之适应中国的项目要求。最终集各国技术之精华完成了一个完美的项目工程，建成了目前世界上规模最大的城市生活垃圾综合处理厂。

2010年11月桑德与日本伊藤忠集团商谈引进水环境修复设备（WEP）并最终谈妥。此装置由气液溶解装置、自动观测船、卷扬机室、机械室以及电脑程控室组成，该系统可以自动改善因溶解氧不足而引起的湖水水质恶化。根据自动观测船传送的水质数据，气液溶解装置可以自动检出所需改善水域的水深，将装置设置在需要供氧的水深位置，通过向该水域输送由制氧机产生的氧气，自动增加缺氧水域的溶解氧浓度。使用此装置可以大范围、全自动地改善水质，最终达到恢复水域自然净化能力、控制水域富营养化及水质恶化的效果。

桑德希望借此类技术的引进，更快地提高桑德的产业水平，不断推动环保产业的升级改造。当然，作为一个发展中国家的民营企业，桑德在海外市场上也遇见了很多困难，尤其是在面对发达国家在技术规范和技术转让上设置的种种障碍时，桑德显得很被动。但是，在不断的“碰壁—改进—再尝试”过程中，桑德也渐渐摸索出一套适合发展中国家自己的海外市场的应对策略。桑德也愿意与东盟各国的政府及环保企业合作，分享桑德的项目经验，推广桑德的消化吸收结果，达到互利共赢的局面。

目前桑德正在印度尼西亚推进一个标的为2亿美元的PPP水处理项目，用桑德的行业经验及技术与印尼当地的水务公司合作，建设水处理工厂。该项目将中国的环保新技术推广到印尼，帮助当地实现水源清洁及减少污染。以后桑德将进行很多这类的项目建设，无私地将最新水处理技术与各国分享，达到洁水的目的。这也是桑德为世界环保事业做出的努力。

中国与东盟国家山水相连，大多数属于发展中国家和新兴工业化国家，在环境与发展领域面临许多共同挑战。时至今日，环保合作已发展成为中国和东盟合作中不可或缺的重要领域，成为推动区域可持续发展的重要平台。在生物多样性保护、环境与发展政策、环保产业交流、环保公众意识提高等方面不断进行着深入对话与合作，对共同促进中国与东盟国家的可持续发展起到了积极的推动作用。

近年来，双方对话不断深入，沟通机制日臻完善，合作成效不断显现。今年 5 月，中国-东盟环境保护合作中心正式启动，标志着中国与东盟的环保合作迈上新的起点。双方还通过了《中国-东盟环保合作战略（2009—2015）》，确定环境无害化技术、环境标志与清洁生产、环境产品和服务、公众意识和环境教育、生物多样性保护、环境管理能力建设、全球环境问题等领域为环保合作优先合作领域。

在这种大趋势下，东盟已成为中国企业“走出去”的重要目的地。同为发展中国家，中国与东盟国家之间存在很多相似之处。经济要发展、环境也要治理，这是双方的共同目标。所以，桑德集团也渴求与各国环保机构及企业密切交流，共同探讨环保产业经验和远景。今年是中国-东盟建立对话关系 20 周年、中国-东盟友好交流年和中国-东盟自由贸易区建成 1 周年。作为中国环保企业之一，桑德祝愿中国及东盟各国携手并进，共创可持续发展辉煌篇章。

七、清洁能源的实践与经验：壳牌中国 ①

作为能源行业代表之一的壳牌在中国已有 100 多年的发展历史。当前，壳牌也处于快速发展阶段，而壳牌的四个重点战略领域中大部分都和创新与绿色发展相关。

中国是一个非常大的经济体，能源需求巨大。壳牌认为，中国在能源领域有三个重点：第一个重点是能源供应的安全，就是广义的能源安全。这涉及能源的安全和多样化以及能源供应的多元化，包括国际合作；第二个重点是环保。特别是在温室气体减排和污染控制方面。碳的管理已成为能源行业关注的重点；第三个重点就是能源效率。

壳牌在中国的发展重点也是依据上述三个重点领域。壳牌认为天然气是一个非常重要的、更为清洁的能源，这在未来很长时间内都会如此。因此，壳牌第一个工作重点就是与中国的合作方进行天然气领域的合作，共同开发能源项目。

第二个工作重点是开发非常规天然气资源。中国的非常规天然气资源潜力非常大，与北美的非常规天然气资源潜力类似，相当于美国和加拿大的非常规天然气总

① 壳牌（中国）集团主席林浩光在“中国-东盟环保合作论坛 2011：创新与绿色发展”上的发言，有所删节。

量之和。非常规天然气主要有煤层气和页岩气。

壳牌公司在这些非传统的天然气业务中也有建树。目前，壳牌正在与中国公司合作，在中国开发一些非传统型的天然气项目，比如在陕西、山西和四川三省正在开发的项目。

此外，壳牌还非常注重创新。大连达沃斯论坛曾经提到，不仅要做中国制造，而且要做中国创造。因此，技术发展和研究就显得尤其重要。壳牌目前也在和中国的合作伙伴在进行煤气化方面的合作，壳牌致力于把这些肮脏的煤转化为有用的清洁气。壳牌也非常关注二氧化硫的减少和质量的提高。壳牌建立了一个位于中国的研究和开发中心，主要进行非传统意义的天然气业务。

壳牌是一个全球性的公司，业务遍及全世界 20 多个国家，在亚太地区也有很广泛的业务。通过在产品的生产、销售和服务上与中国的油气行业合作，保证能源行业的绿色可持续发展。

八、水泥厂经营中的可持续管理 ①

（一）公司概况

PT Holcim Indonesia Tbk（以下简称“Holcim 公司”）于 1977 年成立，是印度尼西亚第三大水泥制造商，相关业务包括掺水即用水泥（RMX）和混凝土生产等。Holcim 公司的目标是希望能为社会提供一种健康的生活环境。

Holcim 公司每年生产的水泥量约为 8 300 000t，员工人数达 2 500 人。Holcim 公司在印尼有三个生产工厂，其中最大的一个工厂位于爪哇岛的市中心，这样它对环境有着更大的责任。因此，Holcim 公司采取了一些措施保护环境，如“生态指标”。在该工厂厂区里建了城市森林（见图 3-7），该森林是印度尼西亚最大、最好的城市森林之一。

Holcim 公司通过采取这些措施致力于可持续发展，其业务战略整合经济、环境和社会因素。Holcim 公司希望从一个生产水泥的企业发展成为能够向人们提供健康生活环境的综合企业。这就是 Holcim 公司的可持续发展目标。为此，Holcim 公司将业务范围进行了大的扩展。

① 印度尼西亚 PT. Holcim Tbk 公司总经理斯迪克・达鲁苏利斯托在“中国-东盟环保合作论坛 2011：创新与绿色发展”上的发言，有所删节。

图 3-7　Holcim 工厂中的城市森林

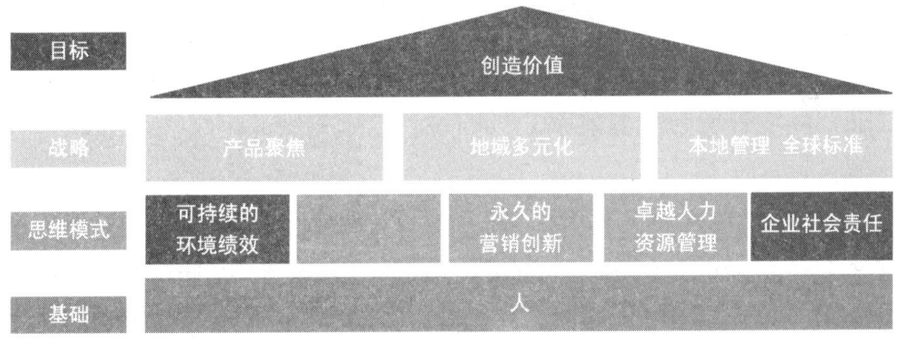

图 3-8　Holcim 公司的战略与三重底线

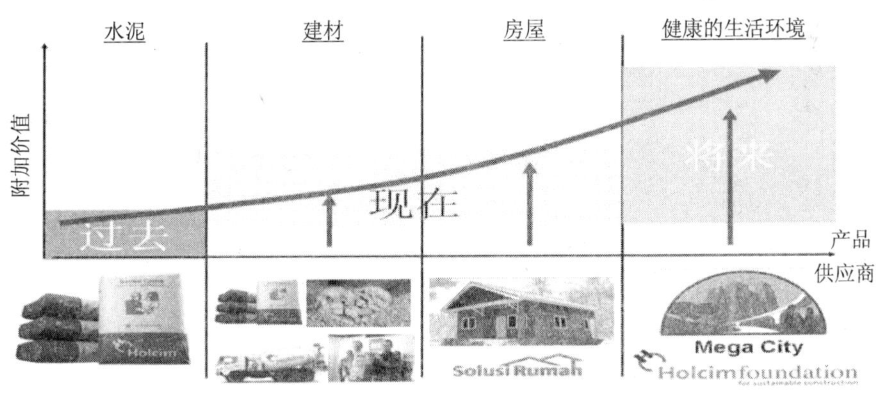

图 3-9　Holcim 公司成为健康生活条件的解决方案供应商

（二）表现与奖励

由于在环保方面所作出的积极努力，Holcim 公司获得了一系列奖项和认证。其中一个重要奖项是社会企业责任奖。另外还有一个是管理方面的奖项。9 月，Holcim 公司获得了印尼环保部长颁发的环境保护方面的一个奖项，还从当地省长那里得到了一个社会责任的奖项。这些奖项都是对 Holcim 公司表现的肯定。

图 3-10　表现与奖励

（三）环境管理与能源效率

1999 年，Holcim 公司获得了 SGS 的 ISO 14001 环境管理体系证书，工厂的排放情况也有了很大程度的改善。目前 Holcim 公司的排放水平比全国平均排放水平要低很多。其中，粉尘排放量为 25mg/m^3，低于全国标准 80mg/m^3；二氧化硫排放量为 46mg/m^3，低于全国标准 800mg/m^3；氮氧化物的排放量为 330mg/m^3，低于全国标准 1 000mg/m^3；而粉尘、二氧化硫和氮氧化物的世界平均排放水平分别为 51mg/m^3，112mg/m^3 和 697mg/m^3。还可以看到，每年 Holcim 公司的二氧化碳排放是持续下降的，且二氧化碳的排放水平也低于全国平均排放水平。

图 3-11　SGC 的 ISO 14001 环境管理体系证书

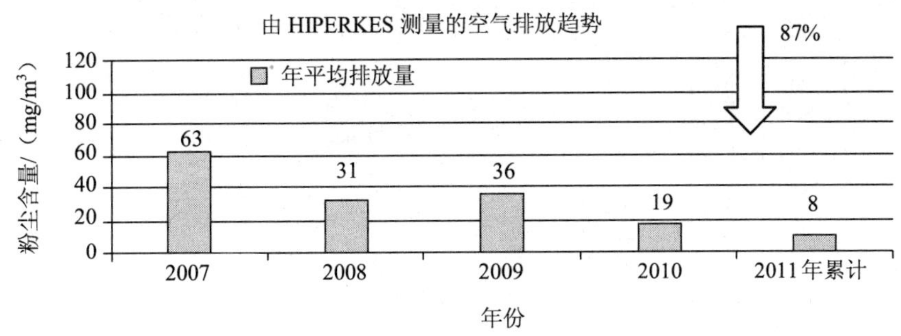

图 3-12　由 HIPERKES 测量的空气排放趋势

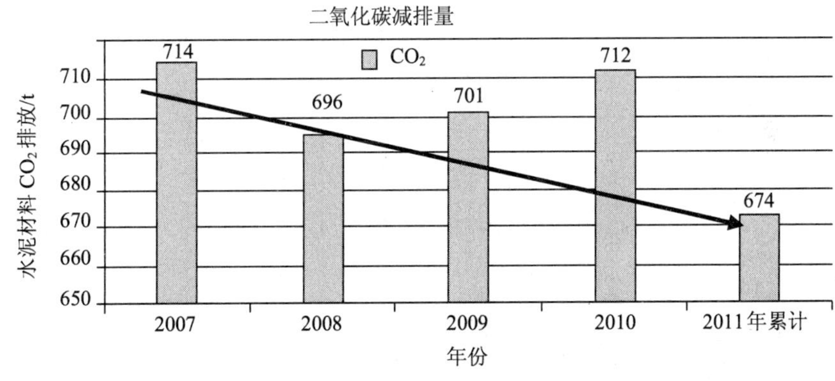

图 3-13　Holcim 的二氧化碳排放量

此外，Holcim 公司还通过积极安排资本支出和运营方式，进一步提高效率，降低能耗。持续的节能减排体现在历史数据和未来的路线图。例如，电力消耗为 89.8kWh/t-CMT，而 Holcim 公司平均为 102.9kWh/t-CMT，印尼全国平均为 103kWh/t-CMT；热耗为 3 287MJ/t-CLK，而 Holcim 公司平均为 3 540MJ/t-CLK，印尼全国平均为 3 639MJ/t-CMT。

在过去三年中，Holcim 公司开展了一系列的 CDM 项目。Holcim 公司也在积极寻找替代能源，减少废弃物的产生并进行回收再利用。可替代能源以及原材料是其能够大幅度减少二氧化碳排放的潜在领域。此外，还要进一步降低对化学燃料的使用。

（四）水与生物多样性保护

Holcim 公司生产的每吨水泥所消耗的水资源只有 127L。Holcim 公司对水资源进行了有效的循环利用，生产水泥的整个过程中用水 81%以上来自循环利用水。并且在管理层当中也指定了专门的人员来负责节水循环和提高水资源循环利用的工作。

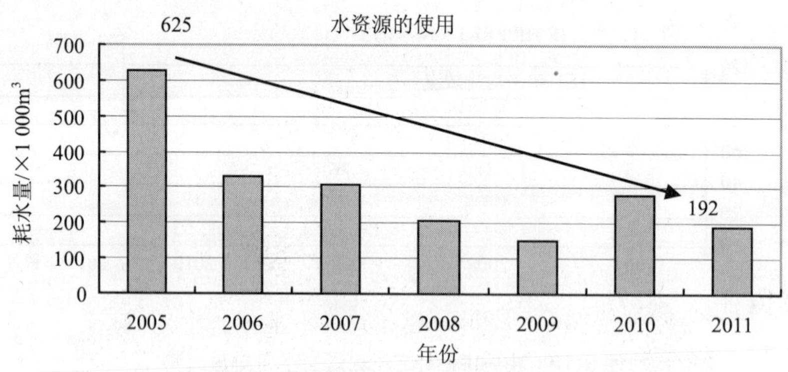

图 3-14 Holcim 对水资源的使用

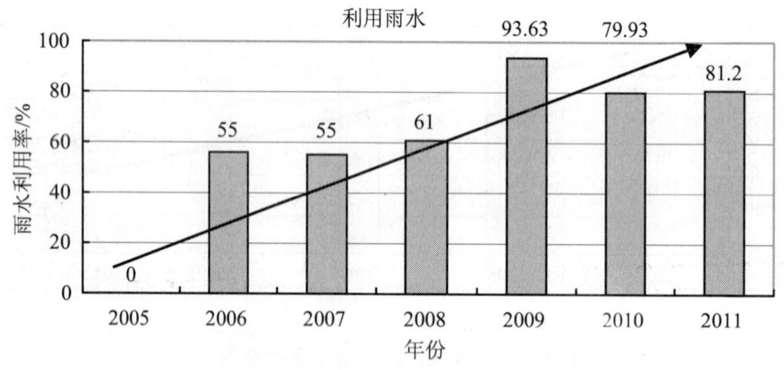

图 3-15 Holcim 对雨水的利用

Holcim 公司位于岛上的一个工厂也做了一个全面的生物多样性研究，制订了相应的行动计划，并且和当地政府一起实施这些计划，希望能够保护当地的生物多样性。希望通过这些措施，不仅能够保护生态环境，也能保护社会环境，这对企业自身的经营也是非常有益的。Holcim 公司还有一些社区项目，如对洞穴的保护、稀缺物种保护、将 60%的地带划为绿色条带、恢复红树林、保护森林等。

（五）企业社会责任

Holcim 公司期望把所获得的利润反馈给社会，进而改善居民的生活环境和条件，这是 Holcim 公司的一个愿景和目标。Holcim 公司通过一系列的调查其所处的社区在社会经济生活各个方面所面临的一些挑战，以及改进潜力，有针对性地采取了一些措施，来帮助他们解决这个社区里的问题，这是体现其社会责任的一个重要方面。

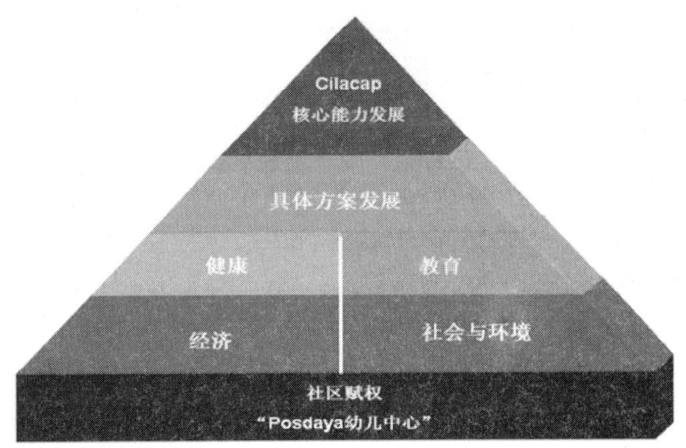

图 3-16　结构化 CSR 项目开发实施

表 3-1　自下而上的 Posdaya 计划

领域	客观指标	主要项目
教育	义务教育	幼儿教育
健康	评价寿命	老年人 Posyandu
经济	额外收入	微观经济
环境	土地开垦	药用植物

这些企业社会责任的项目已经取得了一些非常积极的成果，在很大程度上改善了社区的经济和环境。例如，其中一个重要活动“家庭福泉中心”，是一个自上而下的活动方式，其主要是为了能够在人类发展指标的各个方面进行改善，而且对环境作出了积极的改变。印尼司法部也非常认同 Holcim 公司的这个企业社会责任做法。上面的表格是 Holcim 公司对可持续发展进行衡量的一些指标。

下图是实施了这些环境企业责任后，当地居民对 Holcim 公司有关环境投诉的变化情况。可以看到，投诉量逐年递减，到 2010 年已经实现了零投诉。

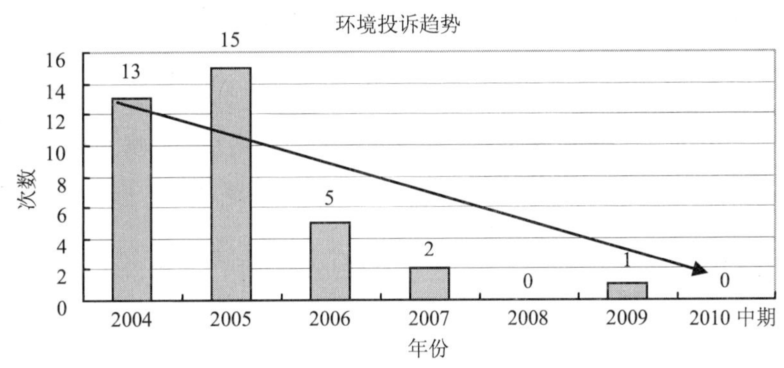

图 3-17　对 Holcim 环境投诉趋势

九、清洁生产项目实践经验①

马来西亚的 MM Vitaoils Sdn Bhd（以下简称“MM Vitaoils 公司”）是一家在下游棕榈油行业占世界领先地位的工业企业，公司主要生产各种类型的油产品。

2010 年，在马来西亚政府推动下，MM Vitaoils 公司被选中实施一个清洁生产的示范项目。清洁生产的目标是为了实现环境要求，达到环境目标，并且能够降低成本。被选定作为实施清洁生产项目的企业之后，MM Vitaoils 公司在 2010 年 3 月首先举办了一个“清洁生产的简介与宣传项目”。该培训项目旨在提高所有员工对清洁生产项目的认识，让员工了解清洁生产项目的内容和目标，从而使他们都能够为这些目标努力。

2010 年 4 月，MM Vitaoils 公司邀请顾问公司对其进行审计。咨询专家到工厂进行了调查，尤其是对公司的环境方面的表现进行了调查。之后，召开了一个“头脑风暴”会议，通过集思广益，咨询专家和公司管理层交流观点，策划该项目的实施和执行。通过审计以及集思广益之后，找到了 200 多个可以采取措施的领域（见表 3-2）。

表 3-2　清洁生产项目审计的调查结果

类型	实施方案	TTL	%
1	MM VITAOILS 已经实施的	78	30.7
2	MM VITAOILS 3 个月之内将要执行的	23	9.1
3	MM VITAOILS 1 年之内将要执行的	7	2.8
4	MM VITAOILS 1～3 年之内将要执行的	7	2.8
5	如果资金可靠，MM VITAOILS 将要执行的	27	10.5
6	由顾问公司或在其协助下将要执行的	65	25.6
7	公司将会考虑的	47	18.5
总共的选项		254	100

注：审计的范畴基于 7 种类型。

在项目初始实施过程中，MM Vitaoils 公司采取了一些措施减少对资源的消耗。比如，在白天大楼里尽量采用自然光，减少对电力的使用。将厂房顶棚做成透明的，这样可以更加有效地利用自然光线。此外，建立了雨水收集箱，对收集的雨水循环利用，如用来擦地板。

MM Vitaoils 公司采取了进一步的节能措施以降低生产成本。① 在冷却工艺环

① 马来西亚 MM Vitaoils Sdn Bhd 公司高级经理马扎尔•穆罕默德在“中国-东盟环保合作论坛 2011：创新与绿色发展”上的发言，有所删节。

节中，增加旁绕的管道。改造之后，使得它在该过程中不需要开启，从而能够有效的提升效率，大幅度地降低能耗；② 增加气动控制阀门，使得以前人工控制改成了自动控制，节省了工人从操作间到工作场地花费的时间，大大提高了效率；③ 增大管壳内径从 1.5 英寸[①]至 2 英寸，提高同质循环效率。使得 20Mt 的循环时间从 1 小时减少到 45 分钟，节省能耗，降低成本；④ 使用半自动化操作取代手动操作，提高生产流程周期。密封纸箱的流程周期从 30 秒提高到 15 秒；⑤ 使用高效率的电动机和泵。将电动机和泵的使用效率从 80%提高到 90%，这对于降低能耗是非常有用的。

此外，MM Vitaoils 公司进行了噪声监控的工作。初期的监测是为了履行印度尼西亚安全与健康部 2010 年 9 月制定的工厂与机械法令中关于噪声暴露的规定。

采取了这些措施之后，与顾问公司所建议的 200 多项可以改进的地方相比，目前已经实施的项目和改进情况，见表 3-3。

表 3-3　清洁生产项目实施的改进结果

类型	实施方案	之前		之后	
		TTL	%	TTL	%
1	MM VITAOILS 已经实施的	78	30.7	95	37.4
2	MM VITAOILS 3 个月之内将要执行的	23	9.1	10	3.9
3	MM VITAOILS 1 年之内将要执行的	7	2.8	4	1.6
4	MM VITAOILS 1～3 年之内将要执行的	7	2.8	6	2.5
5	如果资金可靠，MM VITAOILS 将要执行的	27	10.5	27	10.5
6	由顾问公司或在其协助下将要执行的	65	25.6	65	25.6
7	公司将会考虑的	47	18.5	47	18.5
总共的选项		254	100	254	100

注：选项列表基于 7 种类型。

除此之外，MM Vitaoils 公司也做了很多清洁生产的宣传和推广工作，比如散发了一些宣传物、参与和组织了一系列的培训等。

总之，实施清洁生产对 MM Vitaoils 公司是具有里程碑意义的事件。因为它确实让大家充分认识了清洁的重要性，同时也更好地实施了公司的企业社会责任。在这个过程当中，MM Vitaoils 公司得到了政府和咨询公司的大力支持。实施的结果表明，在产油行业开展清洁生产是完全可行和有效的。

① 1 英寸=0.025 4m。

十、新加坡电力市场的绿色创新伙伴关系[①]

（一）新加坡国家电力市场

新加坡的电力市场结构如下图所示。由于新加坡政府对电力和水利没有补贴，电力市场必须通过投资提高竞争力。2010 年新加坡电力市场交易额达到 57 亿美元。电力市场的装机容量也非常高，达到了 10.4GW，并且今后装机容量还会继续增加。预计 2012 年至 2014 年新增装机容量 3GW。用电需求高峰为 6.3GW。10 年来，用电需求年增长率为 4%。

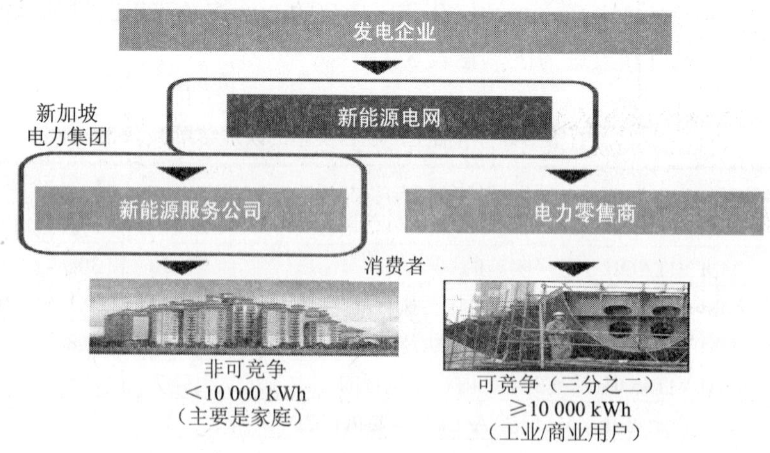

图 3-18　新加坡的电力市场结构

为提高电力公司的生存能力，新加坡电力市场遵循两个原则：第一是纪律，第二是能效。因此，充满竞争的新加坡电力市场强调效率。

（二）温室气体减排

在新加坡新建电厂很难，所以能做的就是提高电厂效率。现在，新加坡所有的电厂都是靠油发电，在 2000 年之前还可以看到圣诺哥能源私营有限公司的工厂有三个大烟囱，但是 2005 年后就只剩下一个烟囱了（见上图），也就是说该工厂目前已基本使用油及可再生能源发电。天然气是一种过渡燃料，以后可能还会有其他可再生能源。现在由于采用热电联产新技术，新加坡二氧化碳的排放减少了 250 万 t，并且到 2012 年，二氧化碳排放量有望得到进一步的减少。

① 新加坡圣诺哥能源私营有限公司总经理官国田在“中国-东盟环保合作论坛 2011：创新与绿色发展”上的发言，有所删节。

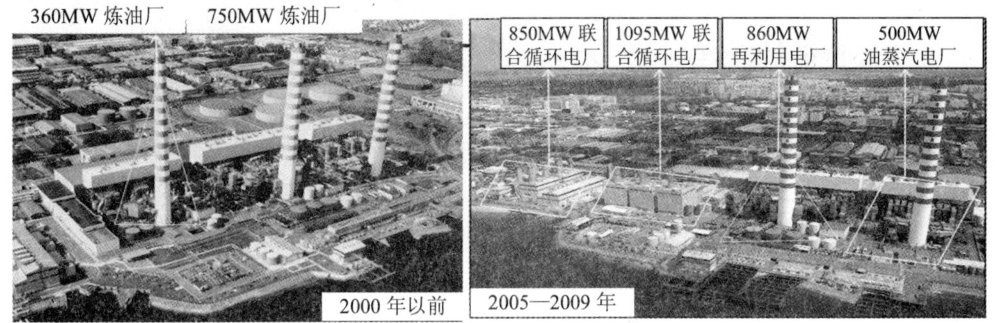

图 3-19 圣诺哥重新提供动力前后对比

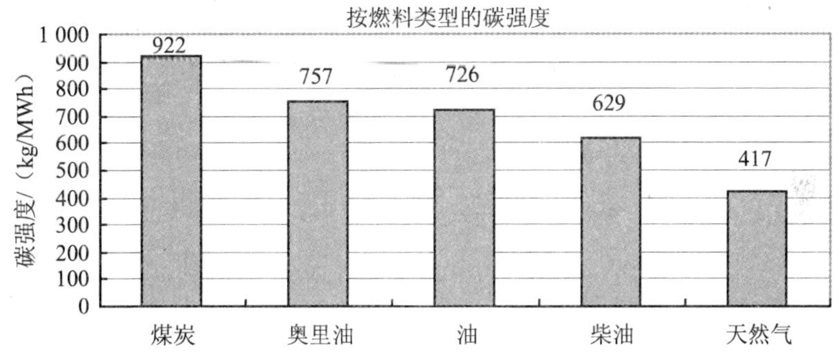

图 3-20 核燃料类型的碳强度

下面是两个碳监测数据表（Carbon Monitoring for Action，CARMA），其中列出了全球和东盟 1990、2000 和 2007 年的二氧化碳排放数据的变化情况。1990 年到 2007 年，新加坡二氧化碳排放量的减少还是相当大的，最主要原因是天然气的使用。

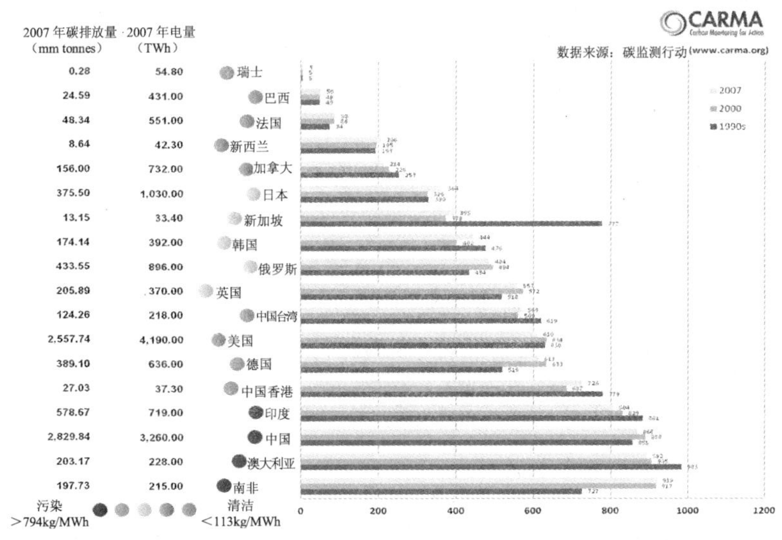

图 3-21 各国 1990s 至 2007 年产生的二氧化碳

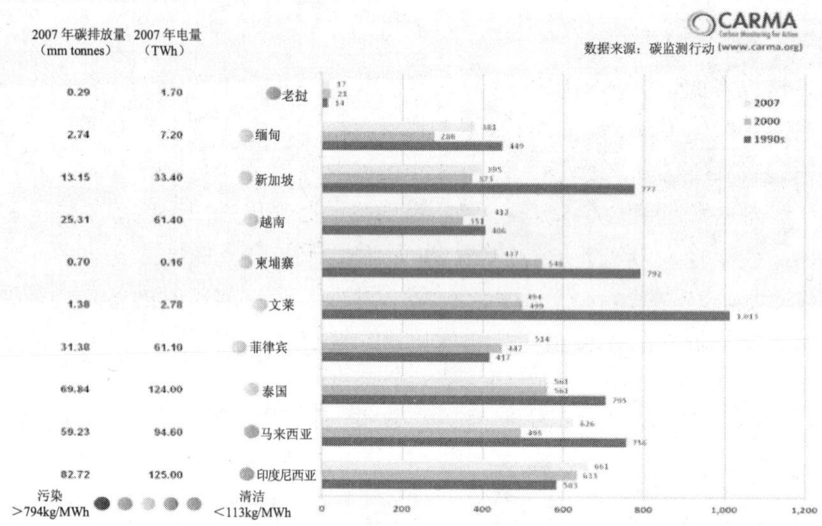

图 3-22 东盟国家 1990s 到 2007 年产生的二氧化碳

（三）节约用水

新加坡在提倡节约用水的同时也希望能够大幅度提高水资源利用效率。新加坡每天都要对水进行处理和监测，每年要对水的能效进行跟踪和调查。可以看到，现在新加坡每年在用水量上节省 40%左右。在这个过程中，技术起了很大的作用。

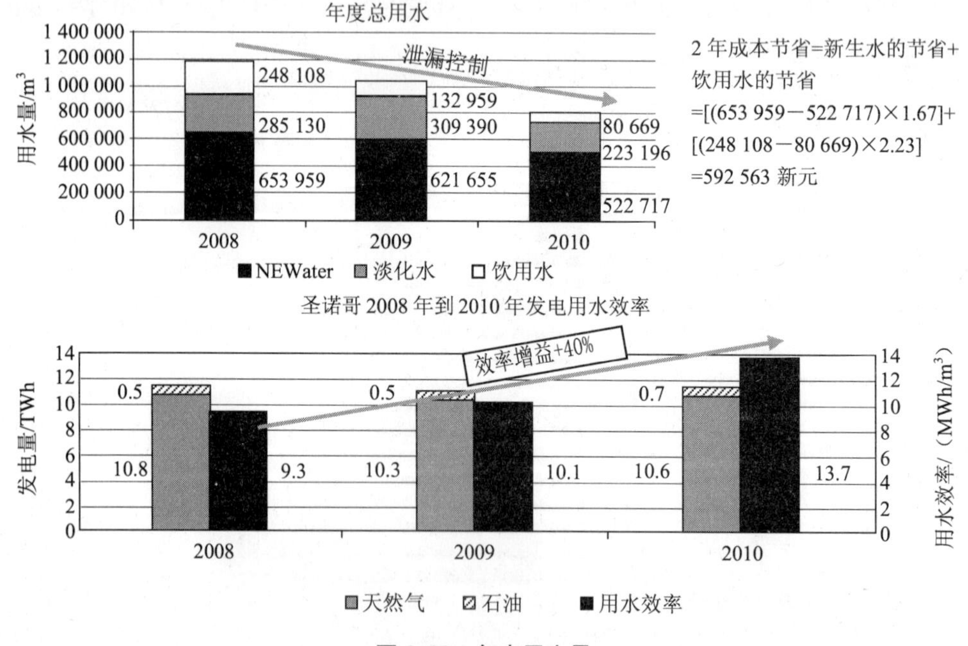

图 3-23 年度用水量

（四）社区参与

在能力建设方面，新加坡政府给所有学校都提供 150 万美元的资助，希望学校能够用这些钱让学生到海外（比如到澳大利亚、德国等国家）去参观学习，进而帮助新加坡进一步实施改革。此外，新加坡和很多非政府组织进行合作。比如，新加坡所有年轻人都必须服兵役，新兵都需要接受关于提高能效、节约水资源等知识的教育和培训，让年轻人知道能源的成本，从而有助于提高新加坡的竞争力。

现在，新加坡在能源方面面临很多挑战，其中一个就是能源的多样性问题。新加坡对化学燃料依赖性强。考虑到新加坡的实际情况，必须要充分利用水资源。

十一、管理和技术创新推动环保建设 ①

中国碳减排目标："十一五"规划中提出在 2010 年实现单位 GDP 能耗在 2005 年的基础上下降 20%的目标；"十二五"规划中提出到 2020 年单位 GDP 碳排放强度要在 2005 年的基础上下降 40%～45%的目标。

对应以上情况，爱普生认为，地球的承载能力是有限的，减少环境负荷，人人有责。因此，爱普生制定了面向 2050 年的环境愿景（Environmental Vision 2050）。核心目标是在 2050 年之前，将所有产品和服务生命周期中的二氧化碳排放量比 2008 年减少 90%。同时，作为生态系统的有机组成部分，爱普生将继续与其所在地的社区齐心协力，共同恢复和保护生物多样性。

（一）爱普生的环保传统

爱普生自成立之初就是一家"与自然为友"的环境领先型企业，在全球推行环境经营。

爱普生不仅具有独特的技术，可以显著减少对环境的负担。比如，"Saving technology"确保爱普生的产品节能、节省原材料；"微压电喷墨技术"的多元化拓展应用显著降低环境负荷（节省能源和原料、降低污染排放）。爱普生也积极参与社区的环保活动。

（二）实现 Environmental Vision 2050 措施

为实现 2050 年环境愿景的目标，爱普生将在第一个 10 年（2008—2018）采取四大措施：

一是减少零件生产过程中的二氧化碳排放量。在产品设计阶段进行基础检查，

① EPSON（中国）有限公司副总经理林中庸在"中国-东盟环保合作论坛 2011：创新与绿色发展"上的发言，有所删节。

竭力缩小零件尺寸、减轻零件重量并减少零件数量。同时，还将在重新调整生产中心、革新销售和物流方面争取供应商的理解和合作。

二是开发出全新的业务模式，不但能够延长终端用户产品的使用寿命，用户最终还可将废弃产品返回给爱普生，从而促进资源更有效地循环利用。

三是组建专家组，积极研究如何将无尘车间的能源使用量减少一半。无尘车间是爱普生直接二氧化碳排放量的最大来源。将建立专家组来促进限制无尘车间能源需求量的技术开发，保证能源只在需要的时间地点适量使用。还将通过合并无尘车间来进一步降低能源使用量。

四是组织员工积极参与植树造林和其他环境保护活动。并争取与当地政府和非盈利组织/非政府组织（NPOs/NGOs）合作。

（三）实现 Environmental Vision 2050 之路

图 3-24 显示了爱普生保护环境而采取的主要行动。

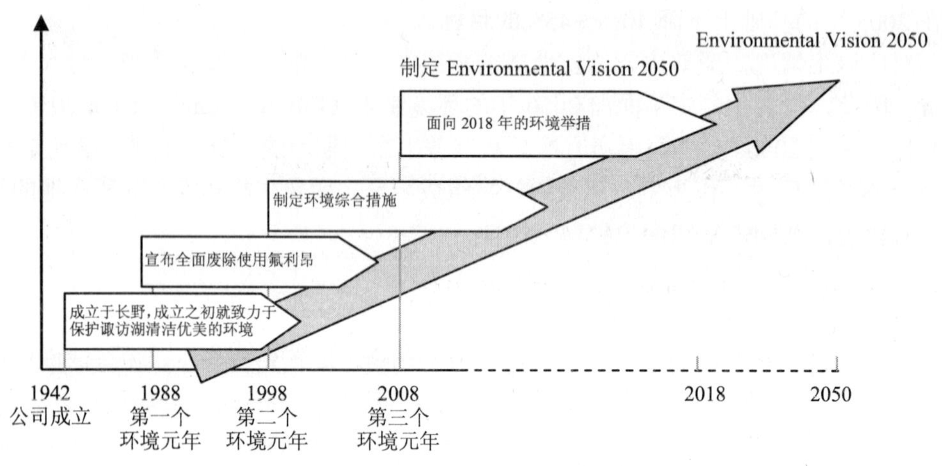

图 3-24 实现 Evnironment Vision 2050 之路

自 1988 年的第一个环境元年到 2008 年的第三个环境元年，爱普生的环保之路已经走过 20 年。在这 20 年间，爱普生不断设立高目标，并为了达成目标而持续努力。环保方面的不懈努力不仅锤炼了爱普生的技术实力，更使公司拥有了可持续发展的能力，这种能力在全球性环境问题日益严峻的今天，已经成为企业非常重要的核心竞争力。

以“省、小、精”技术为基础，通过商品、服务、生产及销售的每个环节提供被顾客所追求的降低环境负荷的价值。举例来说，从如下三个重要步骤推动环保建设：

1）扩大爱普生产品的环保研发费用

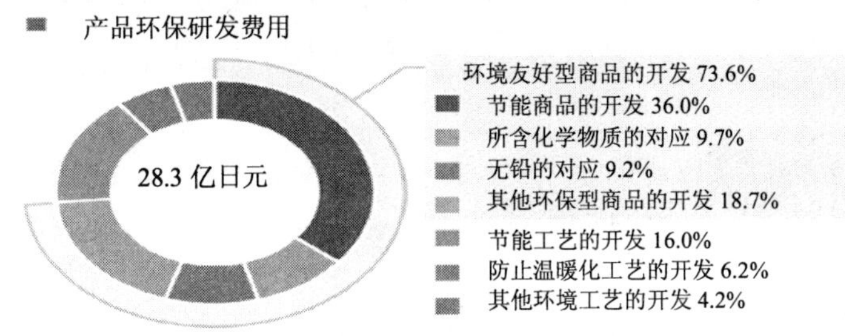

图 3-25　产品环保研发费用

2009 年，爱普生的环境成本为 58.5 亿日元。总成本的 48%，即 28.3 亿日元用于环境研究及开发。其中，占成本最大份额（73.6%）的是环保产品的开发。尤其是节能性能，旨在减少整个产品生命周期，即重点是通过对环保产品的开发对环境的影响。

2）爱普生产品生命周期中的环保管理

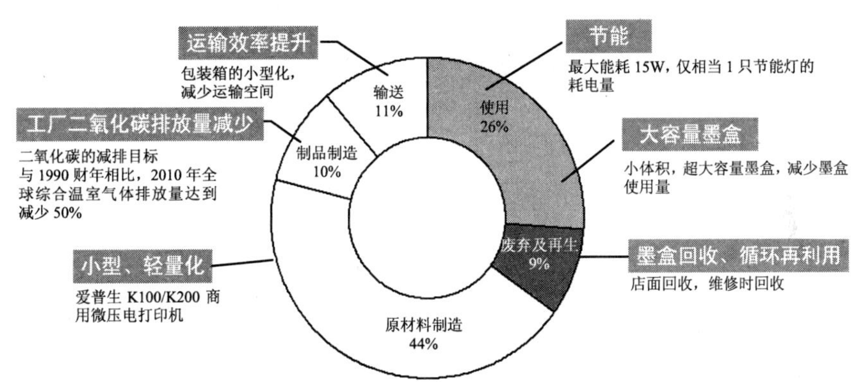

图 3-26　爱普生产品生命周期中的环保管理

3）扩大爱普生产品的环保合作范围

目前爱普生的责任范围是生产、销售渠道以及爱普生的员工，未来爱普生的合作范围将扩大到供应商以及爱普生的用户。希望通过爱普生以及所有相关者的共同努力，实现爱普生面向 2050 年的环境愿景，保护人类的生存环境，尽每个人的一份力。

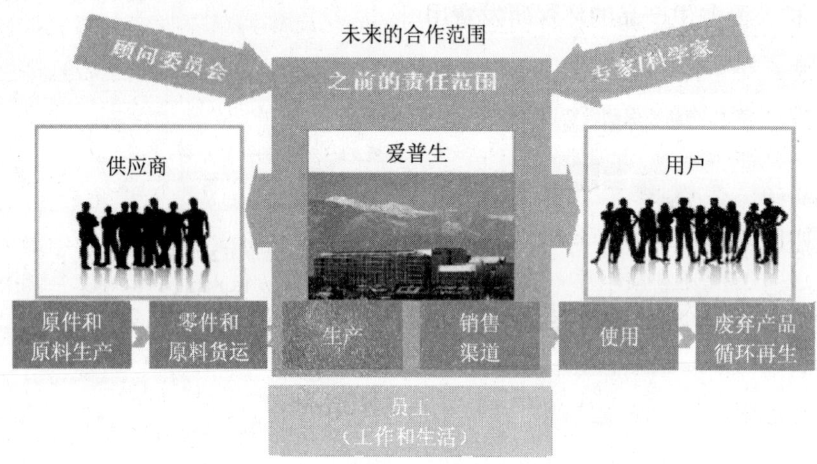

图 3-27　爱普生未来的合作范围

十二、东盟国家环境影响评价体系概况 ①

（一）东盟地区环境影响评价与战略环境评价的基本特点

1. 东盟地区环境影响评价的基本特点

环境影响评价体系是自 20 世纪 70 年代起的主流评价方法之一。该体系以项目为核心，用以评估及降低项目对环境产生的负面影响，主要目的是预防与控制污染。经过多年成功的实践经验，世界上对环境影响评价体系的了解及认可度都在逐步提高。

（1）环境立法

自 80 年代起，环境影响评价体系逐渐在东盟地区建立起来。东盟一些国家分别出台了多项相关法规。随着经济增长与社会发展，东盟国家多次修订相关法律法规以扩大环境影响评价的适用范围、加强体系管理与提高公众参与度，有力推动了其在东盟地区的广泛运用。

一般来讲，环境影响评价体系着重关注某一项目的环境影响问题，与战略环境评价形成两个不同的体系，补充各司其职。但印度尼西亚与菲律宾两国的环境影响评价并不具备这一传统特点，其环境影响评价体系涵盖特定区域内的多个项目，对其进行综合评价，而不只对某一项目的环境影响进行评价。

（2）体系标准

虽然各国环境影响评价体系有所差异，但均以项目为基础，所以评估标准类似。大多情况下，环境影响评价主要考虑项目自身的规模、土地使用面积、所属行业特

① 作者为中国-东盟环境保护合作中心彭宾、杨镇钟、陈微宁。

点等因素。准确地运用评价标准能够帮助政府较好、较早地干预项目对环境造成的潜在威胁：对于低污染项目，环境保护部门可以通过颁发许可证或资质证书等形式进行管理；针对高污染项目，政府部门可以采取多种手段尽早控制污染物的排放以及确定罚款标准等。

（3）管理框架

东盟国家，环境部门是环境影响评价的主要管理部门。其他各部门，如水利、能源、交通等，为其所负责领域内的项目环境影响评价提供技术指导。同时，各级环境部门须负责同级政府部门之间的协调合作，保证环境影响评价的顺利施行。除泰国、越南、老挝和柬埔寨外，多数国家已将环境影响评价咨询证书与资格注册作为从业规定列入相关法律法规中。

（4）能力建设

近十年来，在众多国际机构的支持下，东盟地区的环境影响评价体系取得了长足发展。采用环境影响评价的基本步骤一般包括：初步的项目调查；确定职权范围（ToR）；开展领域内的基础性研究；项目环境影响的测评；提出降低环境影响的方案；备选方案的可行性评估；最终测评报告；最终决策；事后监督等。虽然在东盟区域内人力资源比较薄弱，但大多数国家的政府官员和专业人士都接受过相关培训，具有一定专业素质。此外，出版了一些环境影响评价指南等材料，易于企业和公众了解体系。

（5）公众咨询

环境影响评价的根本目的是为了保障项目对环境产生最小的负面影响。在识别项目对环境的潜在影响和设计有效减缓措施时，公众咨询是必不可少的步骤之一。许多国家甚至在有关环境影响评价的法律中对此做出了严格规定。例如，印度尼西亚法律规定，环境影响评价组委会中公民代表至少占一席；相比较而言，柬埔寨和泰国在此方面未设立任何强制性规定，对公众咨询的要求也较为模糊。在比较成熟的模式中，公共咨询一般集中发生在两个阶段：一是在确定职权范围前；二是在形成最终环境影响评价报告前。

（6）信息公开

有效的公众参与取决于公众能够及时获得正确的信息。在此方面，印度尼西亚、菲律宾与老挝三国的做法相似，例如，在正式上交环境评价报告之前，必须对相关利益群体、非政府盈利组织以及公众公开。但是，信息公开在泰国与柬埔寨等国的规定较少，不利于公众参与环境影响评价工作。

2．东盟地区战略环境评价的基本特点

（1）战略环境评价的概念

战略环境评价体系旨在通过将环境因素纳入政策制定的考虑之中，达到预防环境污染的目的，即在政策形成的早期阶段，将其对环境可能产生的影响作为重要考虑因素并对该政策做出相应调整。它强调了环境因素同经济和社会因素一样，应在决策过程中得到相应重视。

在环境影响评价的基础上，战略环境评价体系逐渐发展起来。虽然两者拥有共同的理论基础，但还是有根本的区别：首先，战略环境评价以宏观政策为本，而环境影响评价却更多关注项目的个体性；其次，战略环境评价重视决策过程，而非最终的项目测评报告；再次，战略环境评价的影响范围更广，同时也更有助于可持续发展目标的实现；最后，进行战略环境评价的时间跨度较长，并且需要较多的定性信息，而进行环境影响评价却与之不同，需要大量的数据支持。

战略环境评价与环境影响评价的步骤与方法也大相径庭。虽然战略环境评价普遍强调过程的连续性与系统性，但我们仍需区分两种类型的战略环境评价：一种是以影响为本的战略环境评价，它更加注重评估政策对环境所产生的影响，通过准确的预测影响，我们能够及时建立预防机制以达到保护环境的目的；另一种是以机构为本的战略环境评价，它主要关注国家的环境管理体系，即什么样的宏观条件能够帮助我们有效应对政策所产生的不可预见的环境与社会效果。

东盟各国在经济高速增长的21世纪里，已将环境影响评价运用于解决更广泛的环境、社会、经济和文化问题上，并且赋予了该体系更强的参与性。与此同时，各国也逐渐意识到自身对宏观评价工具的需求，一些国家已经开始引进并应用战略环境评价方法或不断完善原有环境影响评价以及战略环境评价体系。

（2）战略环境评价体系在东盟地区的发展

在东盟各国中，越南是比较重视运用战略环境评价方法的国家。它已将战略环境评价体系融合于规划与设计之中，并应用于测评经济和社会发展对环境所产生的影响，但是尚未将其提升至政策层面。其他一些国家也对战略环境评价表现出强烈的兴趣。例如，菲律宾、印度尼西亚和老挝等国已先后开展了一系列学术研究与实验性项目，促进战略环境评价在其国内的发展和运用。

国际合作对东盟地区引进和改善环境评价体系起到了重要的催化作用。随着多边与双边合作的增加，许多国际合作项目要求运用环境评价体系和环境综合管理的手段。在此过程中，通过不断完善环境立法、管理框架以及评价方法等，许多东盟国家提升了本国EIA/SEA体系的整体质量。

（二）环境影响评价与战略环境评价在东盟国家的发展与应用

在东盟地区，一些国家先后建立和运行了环境影响评价和战略环境评价体系，其中，印度尼西亚、泰国、菲律宾、越南、新加坡等国家的环评体系发展比较快，潜力也相对较大，老挝、柬埔寨等也日益重视环境问题，并正在努力建立其环境影响评价体系。

1．印度尼西亚

在印度尼西亚，环境影响评价体系已建立近20年时间，其中涵盖了法律授权、运作流程、技术指导与实践应用等内容。相关规章也已经多次修订，有效促进了政府管理与大众参与之间的协调发展。现阶段，印度尼西亚的环境影响评价系统仍属于以项目为基础的传统类型，尚未上升到战略环境评价层面。近年来，政府部门逐渐意识到战略环境评价的重要性，并将其纳入未来发展规划。

（1）环境影响评价体系的发展

早在 1982 年的印度尼西亚第四号环境管理法案便提出了商业运作对环境产生负面影响的可能性，并指出了环境影响评价存在的必要性。依据第二十九号政府法令，印度尼西亚于 1986 年首次建立环境影响评价体系。1993 年，政府又根据第五十一号法令对原有环评体系中初期的筛选过程进行了简化，并在企业运作监管方面赋予了环境影响管理机构更大的权力。

印尼环境影响评价体系的现有法律依据，即 1999 年的第二十七号政府法令，便是由 1993 年第五十一号法令发展而来的。相比较而言，二十七号法令为印尼环评体系提供了更多大众参与的机会。此外，二十七号政府法令还设定了用以衡量商业活动对环境影响的六项基本评估指标，其中包括：项目参与人数；用地面积；项目强度及时间跨度；受影响的环境要素；影响的累积性与可逆性。

（2）环境影响评价的应用范围

根据第二十七号政府法令所做的规定，印度尼西亚的环境影响评价主要应用于九类商业活动中。这九类商业活动又可被细分为两大类：第一类是各种普通商业项目的集合；第二类主要是与发展计划相关的项目，与之相对应的环境影响评估手段被称为综合性环评。在环境影响评价体系发展到某一阶段时，印尼政府曾希望通过扩大综合性环评的适用范围以及观测项目长期环境效果，将环境评估手段提升至战略层面。然而这一做法尚未成功。目前还没有从项目的整体规划着手，仍以项目作为评估依据。

（3）环境影响评价的管理

印度尼西亚环境影响评价体系的管理模式经历过较大演变。2000 年之前，负责环境影响评价的专门委员会由中央政府各部门、省级政府部门和特别行政区组成，其职责主要是进行项目的前期筛选与最终环评报告的审核。1999 年第二十七号政府法令颁布后，取消了中央各部门组成的专门委员会，取而代之的是在环境影响管理机构（EIMA）中集中设立的环境影响评价专门委员会。该委员会延续了前身的基本职能，负责审核国家级项目环评报告，以及协调其他中央部门参与此项工作，从整体上协调项目的环境影响评估工作。

除此之外，二十七号法令还将具体监管环境影响评价执行情况的权力下放至各省市级政府部门，以便更加有效地促进上下级之间的工作协调。但是，中央集权是印度尼西亚传统的行政管理模式；在缺乏分权制度经验时，大胆的尝试导致了行政管理上的漏洞以及环境影响评价项目质量的下降。世界银行正与印尼环保部门进行合作，希望通过示范等方式，探索出一种适用于环评的高效行政管理模式。

印尼现行的第二十七号政府法令简化了环境影响评估的流程。1999 年之后，无论是公共部门还是私营部门的项目申请人都须在环评流程的开始阶段与EIA专门委员会联系并递交项目方案。委员会将会根据环保部规章制度对项目进行初步筛选，确定需要环评的项目，并通知申请人书面确定专委会的评估范围。在评估范围审查通过后，EIA 专门委员会根据申请人所提交的环境影响说明书及环境监管方案，对项目进行实质性审查。审查期限不得超过75天。不足的是，二十七号法令忽略了项目方案被否定后申请人的上诉权利。

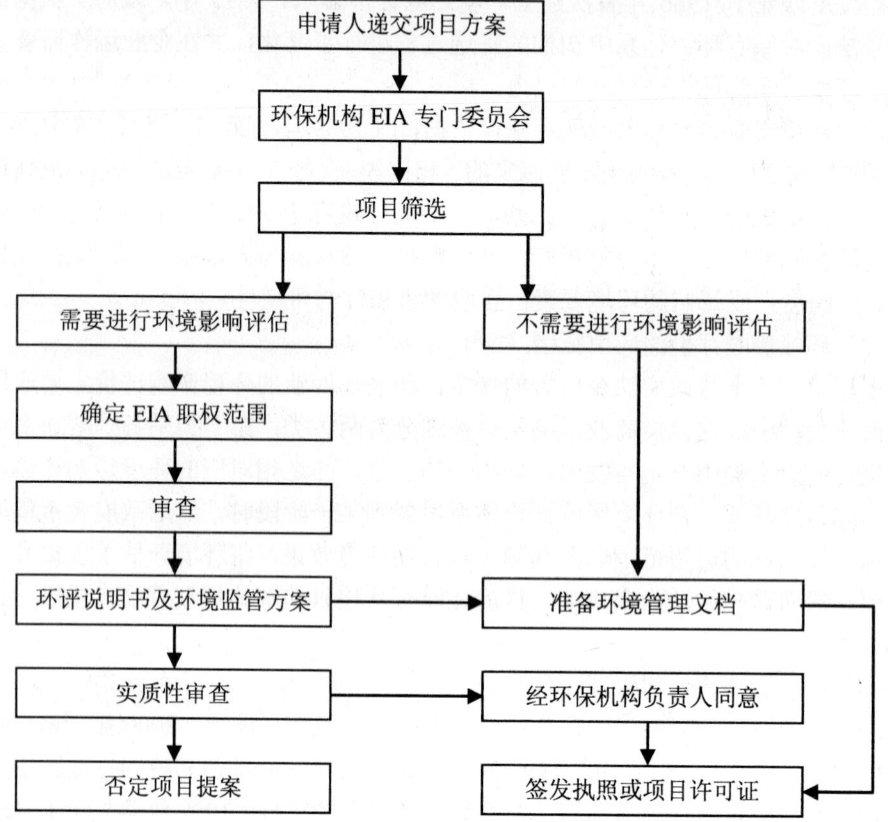

图 3-28 印度尼西亚环境影响评价的操作流程

（4）环境影响评价过程中的公众参与

印度尼西亚第二十七号政府法令的出台大大提升了环境影响评估过程的透明度。2000年第八号法令中明确规定了项目申请人参与环评过程的具体步骤与要求。例如，在环评初期，申请人须将项目方案递交至环境影响管理机构，并公布项目方案中的详细计划。法令还对其公示方式进行了严格规定，公众有权在公示期30天内对项目方案提出书面异议并提交环境影响管理机构，同时抄送项目申请人。收到公众的书面异议后，项目申请人须在确定环境影响评估的具体范围时，进行公众咨询并将咨询结果和相关文件，连同环评职责书（ToR）一并交由EIA专门委员会审查。

在专委会正式确定职责范围之前，公众还可以通过在专委会中的代表对项目方案提出二次异议。

2. 泰国

与印度尼西亚相似，泰国的环境影响评价体系已有近20年的历史。自2002年起，自然资源和环境计划与政策办公室（ONREPP）正式成为负责环境影响评价的专门机构。泰国的政府法令规定了29类项目需要进行环境影响评价，例如修建大坝、修缮水库，石油开采等工程。近年来，该国环境影响评价体系还将民营企业设施建设类的项目种类扩展至11类，如石油，炼油，钢铁等。由此可见，泰国的环评系统同印度尼西亚的系统类似，都是以项目为核心而发展的，尚未上升至战略层面。

（1）环境影响评价的操作流程

泰国的环境影响评价系统对政府项目和私营项目提出了不同的要求。符合条件的私营项目申请人在评估开始时需要准备两份环评报告，一份交至自然资源和环境规划与政策办公室，另一份递送给对项目内容有管辖权的政府部门。法令规定，其环境影响评估的期限不得超过75天。自然资源和环境规划与政策办公室须在收到环评报告15日内对其进行审查，30日内将环评报告和评议意见上交专家委员会复查。专家委员会须在45日内对是否批准该项目做出最终决定。在环评报告得到批准后，有管辖权的政府部门即会针对报告内容及专家意见决定是否颁发项目许可证；政府项目的环境影响评价操作流程略有不同。项目申请人须将环评报告提交国家环境委员会（NEB），委员会根据自然资源和环境规划与政策办公室和专家组的意见做出最终评估意见并报内阁批准。

（2）现有环境影响评价系统的改进措施

虽然已历经20年的发展，泰国现有环评系统仍存在一些不足，需要得到重视与改进。例如，不少行政管理部门将环境影响评估工作当做一种负担，从而导致了办公效率低下等问题。主管部门还可以通过普及环评知识及宣传，增强环评意识。同时，环境影响评估所涉及的行业数量也应适当增加，比如将中央废水处理系统或核能工场等可能对环境产生较为严重影响的行业列入环评适用范围。为了更加高效地处理具体环境问题，立法者应消除法律法规中的模糊概念，将公众参与的要求作为强制性规定纳入到法律法规中。除此之外，环境影响评估系统中还缺少了对项目经评估后实施阶段的监督，对资金和人才的需求不能得到持续性满足。

2003年，自然资源与环境部组织了专门委员会以负责环境影响评估的所有流程，该专委会提出了以下几条改进意见：

- EIA项目的种类和规模

设立不同层次的环境影响评估：初级环境检查（IEE）和全面检查，即对环境影响较小的项目可以只进行初级环境检查，而对环境影响较大的项目必须做全面检查。初级环境检查主要是运用专家对二手数据分析得来的结论作为评估意见，所以耗时相对较短；全面检查要求机构获取第一手数据，并且通过对数据进行详细分析估测项目对环境产生的潜在影响，其过程中可能包含数学建模及预测等复杂环节，所以耗时较长。

- EIA 操作流程

专委会提出了环境影响评估的五步流程：①在当地权威机构的参与下，进行项目的现场评估，并进行筛选；②确定环境影响评估范围，包括项目选址及大众参与度等内容；③遴选项目顾问，起草环评报告及处理公众反馈；④准备最终环境影响评估报告，专家组将评估意见报至相关政府部门及内阁；⑤对项目的后期影响进行长期监测，此项工作可由权威机构进行，也可通过委托第三方完成。

- 公众参与度

项目的利益相关者必须有机会参与到环境影响评估的过程中。总的来说，公众的参与度可分为以下四个等级：①知晓被公开信息的权利；②参加听证会；③成为决策委员会委员；④与公众达成共识。不同阶段的利益相关者，对项目的需求不同，所以参与度也有所不同。

- EIA 专家组

负责环境影响评估的专门机构应及时更新专家名单，并为特定项目指定该领域内的专家形成专家组，以提高环评质量。本地的专家组可以主要负责为社区服务类的项目提供咨询意见，例如住房发展、医院和度假村等。

- EIA 专项基金

社会捐赠的各类所得应当作为环境影响评估的专项基金使用，专项基金的主要作用是用以支付环评过程中的审查成本、专家组的劳务费以及在后期监督中产生的相关费用等。

- EIA 特殊部门

建立由政府资助的独立于自然资源和环境规划与政策办公室的 EIA 部门，其基本职责包括跟踪监测项目的环境影响、管理专项基金以及组织公众活动、传播相关知识等。

泰国自 2006 年起实施上述措施。专家认为，政府须不断宣传环评知识及其重要性以提高公众的意识，尽力完善环境方面的基础数据，在进行环境影响评估时将当地自然资源等因素考虑在内，以便更准确地评估项目对环境所产生的潜在影响。

3．菲律宾

早在 1978 年，菲律宾开始建立其环境影响评价体系。其中包括法律授权、行政管理、操作流程以及指导方针等内容。在整个东盟地区，菲律宾环评系统被认为是最为全面和最严格的系统。虽然菲律宾政府已在战略环境评价领域做了一系列尝试，但其现行环评系统仍以项目为基础，战略环境评价的方法尚未得到广泛使用。

菲律宾于 1996 年搭建起战略环境评价概念性框架，为未来的发展确立了目标并制定了初步战略。同时，菲律宾在一些项目上试验性地运用了战略环境评估方法，但这些项目尚处于早期准备阶段，例如小岛生态游与工业发展之间的协调等。环保部门也在进行一些研究，希望能尽早将其应用于政策层面，完善环评体系。

（1）环境影响评价项目分类

菲律宾 2003 年颁布的法令对被评估的项目和工程进行了以下分类：A 类即环保关键项目（ECPs），这类项目极有可能对环境产生负面影响；B 类项目本质上不会对环境产生严重威胁，但是因为处在环保关键区域，有可能引发对环境的负面影响；C 类项目旨在提升环境质量或解决现存环境问题；不属于前三类中的项目或是不会对环境产生影响的项目被列为 D 类。

在申请环境影响评估时，A 类和 B 类项目的申请者需要事先获得项目的环境达标证书（ECC）。在生态区，申请环境达标证书时还需要提交总体项目环境影响声明书（EIS），或是每个特定区域的环境影响声明书。而 C 类项目申请者一般只需要提交项目简介即可。菲律宾政府还将社会对项目的认可度作为发放环境达标证书的前提条件之一，并且在评价标准中明确提到了对项目长期累积效应的考察和对敏感区域项目集群的重视。

（2）环境影响评价系统的不足

由于菲律宾的 EIS 系统对环评项目的要求过于严格，不少人认为这种做法阻碍了投资，所以对项目的环境影响评价不予配合。政府需大力提升公众对环保的认识与支持，进一步开拓公众参与环境影响评估过程的渠道。此外，环境影响评价的技术能力还有待提高。一方面，很多省市缺少合格的专业人才以及实验室、检测仪器等基础设备；另一方面，环境影响评价部门严重缺少环境基础数据，咨询师需要从类似的研究中获取二手数据加以运用和分析，但是在很多情况下，二手数据缺乏全面性和可靠性。不准确的数据会大大提高环境影响评价成本，对大型基础设施工程而言会造成更大的误差和损失。

4．越南

总体上看，越南现行的环境影响评价系统基本已与国际接轨。其环评系统虽然仍以项目为核心，但其中涉及了一些政策层面的因素，战略环境评价在其中也有所体现。虽然缺乏相应的技术能力，越南政府已逐渐意识到了 SEA 的重要性，并且进行了初步尝试。为了更有效地开展环境影响评价和战略环境评价，越南政府将工作重点放在提升公众参与度、增加技术能力以及合理分配资源三方面。

（1）环境影响评价的发展

在越南，其环境保护法（LEP）最初提出环境影响评价的概念。环境保护法第 18 条规定，项目申请人必须将环境影响评估报告提交给当地环保部门，当地环保部门的评价意见是政府批准项目的重要参考条件之一。越南负责环境影响评价的主管部门是自然资源和环境部（MoNRE），其管理的依据是政府第 175 号环境影响评价法案。该法案于 1994 年通过，它明确了各部门环保工作的具体分工，为多项环境工作提供了基本指导，例如，环境影响评估工作、环境污染治理和灾害控制、环境检查标准的设定以及撰写和评价环境影响评估报告等工作。

（2）环境影响评价的应用范围

越南政府第 175 号环境影响评价法案中规定了四类项目须适用环境影响评价体系：①有关区域发展的整体规划；②涉及经济、科学、医疗、文化、社会及安全方面的项目；③有外资参与的项目；④以及属于前三种项目类型，并在该法案生效前获得批准，但尚未实施的项目。第一类项目，即有关区域发展的整体规划，当中包含了政策相关因素，将环境影响评价工作引至政策层面。虽然没有对于此项应用做具体描述，但我们仍可认定越南的环境影响评价系统中包含了部分战略环境评价内容。

（3）环境影响评价流程

越南环境影响评价的基本流程包含四个具体步骤：①项目筛选，即根据项目属性决定是否须对其进行环境影响评价工作；②准备并提交相关材料，将满足环境基本标准的项目再上交至环境管理机构以待其做出评价；③准备环境影响评价的前期报告，并在前期报告获得批准后完成详细报告；④根据项目的规模和性质，相关管理部门对最终的环境影响评价报告进行审查。环境影响评价报告的内容须包括对项目运作地点环境现状的描述、项目对环境潜在影响的分析以及相应的控制方法等内容。除此之外，第 175 号法令还规定了 60 天的环评期限，并要求相关负责人做出替代性研究，但法令中未对信息公开提出具体的要求。相关管理部门对环评报告的审查结果一般分为四类：①批准项目的实施，同时不收取环境罚款；②项目须加大对废料处理等设备的投资，之后方可实施；③项目须改变核心技术或更改实施地点；④停止实施该项目。

（4）战略环境影响评价的初步发展

相比其他东盟国家，越南在战略环境评价的运用上处于领先地位。战略性环境评估已被列入了越南的环境立法框架内，相关法律法规也正在起草过程中。近年来，越南政府已在一些项目上尝试应用了 SEA 并积累了部分经验。例如，越南 21 世纪能力计划提出应在经济政策决策的过程中考虑环境因素，并引用了联合国议程，通过强化对投资机构、投资过程和相关环境管理流程的监控，达到将环境影响评估提升至政策层面的目标。除此之外，越南政府还将战略性环境评估运用到了湄公河三角洲的规划之中，自此 SEA 在国内引起了广泛关注。虽然越南在 SEA 领域内的发展引人注目，但其环境影响评价系统仍存在一些问题，需要得到政府的重视。例如，在整个环评过程中公众参与度较低，环评的技术能力不足以及执行力弱等缺点。

5．新加坡

新加坡是一个只有 637km^2 的岛国，城市中人口密集度高，基础设施完善，经济较为发达。新加坡的经济主要是由生产加工和服务业带动，而非利用对其本土自然资源的开采。作为岛国，新加坡的自然资源稀缺，所以基本不存在矿藏开掘与农林业等环境问题，其面临的环境问题是高度的城市化。自 20 世纪 60 年代起，环境污染成为了政府的工作重点，政府对工业和城市污染实行严格的管理。除了对污染的控制，新加坡政府还面临着水资源稀缺、仅有的自然环境被工商业侵占等挑战。

新加坡政府于20世纪70年代设立了环境部（ENV），负责所有环境方面的管理工作。2002年时，更名为环境与水资源部（MOEWR），是环境影响评价的主管部门。新加坡的环境影响评估是根据环境污染控制法案和土地规划进行的，但是现行法律并未在审核大型发展项目时将EIA列为强制性规定。新加坡进行环境影响评估有两个基本目的：一是为有效地控制污染，提前防治项目可能产生的工业、城市以及海洋污染；二是为优化土地规划，并将评估结果应用于当地发展指导计划（DCPs）中，有助于当地政府更有针对性且更加准确地对项目实施问题进行决策，例如选择最佳设备安装地点等。

如上所述，环境污染控制法案和土地规划是新加坡在进行环境影响评估过程中运用的两个政策性工具。新加坡缺少相关环评法律，但是由于其现行的是集中规划制度，且有着严格的执法体系，所以立法方面的缺陷并没有对环境管理造成严重的影响。

6．其他东盟国家

除上述主要实施环境影响评价的国家外，在东盟地区，老挝和柬埔寨也逐步加大了环境影响评价工作的力度，在建立环评体系方面取得了一些进展。

老挝是一个拥有丰富自然资源的国家。近年来，伴随着许多在建项目和基础设施的发展，环境保护与防止对自然资源的过度开采成为了老挝政府的工作重点，构建环境影响评估系统的任务也被提上了议程。老挝于1999年开始起草有关环境影响评估方面的法律文件，并于2000年颁布了第1770号政府法案。该法案为环境评估提供了指导方针和参考标准，还对替代性研究提出了要求，并且规定环境影响评估时限为100日。

老挝的环境影响评估流程一般包含以下六个重要步骤：

（1）项目筛选

在环评的开始阶段，项目申请人应向发展项目负责机构（DPRA）提交项目介绍。DPRA将根据提交的资料，组织专家团队对项目进行筛选，其主要目的是区分哪些项目需要进行环境评估。对于不需要进行评估的项目，DPRA有权直接为项目发放环境合格证书。

（2）初步环境检查（IEE）

对于需要进行环境影响评估的项目，申请人还须提交一份初步环境检查，其中须包括环境管理计划（EMP）或环境评估范围（ToR）等内容。如果项目申请人认为该项目无须进行评估，则须提交一份详尽的环境管理计划；反之，则须确定环境影响评估范围，该范围需覆盖到项目潜在危害的所有领域。

（3）审查与批准初步环境检查报告

在收到初步环境检查报告后，DPRA将与相关机构以及当地政府一同审查该报告。如果该报告中没有对潜在危害进行准确的识别，或环境管理计划不全面，DPRA

有权决定是否对该项目进行环境影响评估。

（4）准备环境影响评估报告

环评报告中须详细介绍该项目对社会经济与自然资源所造成的潜在影响，并且说明可能的解决方法与后期治理方案，以求最大程度上减小其对环境产生的负面影响。同时，报告中的内容也应遵循国内和国际上的相关规定。

（5）项目实施

（6）项目后期监控

在项目被批准实行后，负责人应将项目每月的环境监测报告交至各有关部门。环评过程中的相关费用由项目负责人承担，例如公众咨询、组织项目听证会等。

同老挝相似，柬埔寨的环境影响评估系统建立时间较短，该系统仅以项目为核心，不包含战略性环境评估内容。柬埔寨于1999年颁布了有关环境影响评估的法令，其中规定多类项目须在其环境影响评估报告经柬埔寨发展署（CDC）批准后方可实施。隶属于环保部的环评中心有两项主要职能：①与相关部门一同审议项目的环评报告；②监督项目负责人严格按照环评报告要求实施项目。

柬埔寨环境保护和资源管理法（EPNRM）中规定了环境影响评估的具体适用范围，其主要集中在工业、农业、旅游业以及基础设施建设四个领域内。对于所有适用环境影响评估的项目，负责人须准备一份初步环境影响评估报告（IEIA）或初期可行性研究并上交至项目批准机构，在环境部对该报告进行和提出改进建议后，项目才可正式启动实施。除此之外，环境保护和资源管理法中还对替代性研究进行了要求，同时规定环境影响评估的时限为60日。

（三）东盟地区环境影响评价体系存在的主要问题

东盟国家纷纷采取措施，在国际机构和发达国家的帮助下，努力完善本国的环境评价体系，力争与国际接轨，综合起来，东盟国家的环境影响评估与战略性环境评估体系存在以下一些主要问题：

1. 评估滞后

在项目动工或建成后才运用环境评估体系的做法是东盟国家普遍存在的一大问题。环境影响评估通常在项目开始设计、选址以及准备阶段进行，事后执行只会将评估体系架空，无法实现其原有的控制环境污染的目的。在大量实例中，负责进行环境影响评估的部门隶属于大型项目主管部门，由于受到权力制约，很难做出公平、公正、独立的评估报告。由于短期经济利益与长期环境问题的冲突，环境评估执行力普遍较弱。由于一些东盟国家对于违反法律法规的行为的惩罚力度不够，所以执行力弱的问题得不到应有的重视。

2. 政府各部门间缺少协调

无论在中央或地方，某些东盟国家的政府部门之间缺乏协调，造成了资金、机构和人力资源的浪费，也使实现高效管控环境污染的目标大打折扣。例如，在评估各部级单位提出的项目时，负责立法的环保部门所起到的重要保障性作用经常被忽视。对于跨部门的项目来讲，各部门之间的沟通与协调更加困难。

3．公众咨询与信息公开发展滞后

在东盟地区的EIA/SEA运用中，普遍存在公众咨询与信息公开发展滞后的问题。在某些国家，传统的上下级管理模式深刻影响着公众参与度、信息公开范围以及政策效果等。还缺少有效的信息发布渠道，如官方网站和媒体等。

4．有限的资源

在经济欠发达的东盟国家，有限的资源严重地阻碍了当地EIA的运用与发展。一方面，资金的缺乏致使大量基础性研究无法顺利进行，购买设备及进行样本分析等必要支出无法得到满足；另一方面，人才的稀缺也大大降低了环境影响评估的质量。

专家们认为，东盟国家完善EIA/SEA体系需从以下几个方面着手：

1．强化立法体系

纵观东盟各国关于环境评估的现行立法，泰国政府可考虑将其环境影响评估的应用范围扩大至公、私资助的各类项目中；越南政府可考虑通过战略性环境评估，着力提高其项目规划的质量，并同时发展以政策为基础的SEA体系。以生产效率、占地面积及行业为分类为标准的环境影响评估体系也需要得到进一步的检验。还要从法律上确保EIA/SEA监督机构的独立地位，明确各部门的职责与权限。运用经济工具，例如罚金等保证环境评估的顺利实行。

2．注重在早期阶段进行环境评估

环境影响声明书的主要目的是为项目鉴定提供真实可靠的信息。所以，作为EIA/SEA能够顺利进行的前提条件，环境影响声明书必须在做出最终项目鉴定前完成。但在某些东盟国家的具体实践中，该步骤往往滞后于项目鉴定，致使环境评估的有效性受到严重影响。为此，立法者可在有关环境评估的法律法规中增加相关内容，将项目周期以及时间框架作为重要评估标准之一，杜绝事后评估。

3．重视备选方案的价值

多数国家有关环境影响评估的法律法规中都对备选方案做出了严格的规定，但在实务操作时，备选方案一直没有得到足够的重视。一般情况下，只有当环保部门的授权者否定了原有项目方案之后，项目负责人才会开始寻找并分析备选方案的可行性与效果性。这种防御性的环境影响评估方式，是确定项目设计之后最大限度地削减其对环境负面影响的做法。在EIA/SEA的发展进程中，应用主动性的环境影响评估方式取而代之，应在项目早期阶段，通过对备选方案的仔细分析，提升原有设计方案的整体质量。

4．严格执行公众参与及信息公开制度

在进行公众咨询的环节时，环境影响评估报告初稿一般需要先后两次向社会公开。但是东盟各国相关环境立法中，缺少对此项要求的明确描述。应鼓励立法者修订相关法条，以保障此项制度的全面实施。在公众参与及信息公开制度方面，印度尼西亚和菲律宾两国已对相关法律做出了修改，其工作重点也转变为建立与发展简单而直接的公众参与和信息公开，以保证环境影响评估的有效性。

5. 增强执行能力

全面而有效的环境影响评估体系有两个不可或缺的前提因素：资金与人才。在东盟部分经济欠发达地区，政府无法为 EIA/SEA 的顺利进行提供充足的资金保障，此时可以建议相关部门通过拓展国际交流、增进国际合作等方式获得资助；在这些地区，专业人才的稀缺同样威胁着环境评估的质量。政府可以通过定期开办人才培训项目以及在各专业领域内为环境评估人员提供指导等低成本、高效率的方式，弥补人才方面的缺陷，从而整体提升环境评估在东盟区域内的执行能力与完成质量。

6. 加强国际合作

应进一步开展国际合作，充分借鉴国际先进经验，完善本国的环境立法体系和环境影响评价体系。

随着各国 EIA 体系的不断完善，越来越多的国家已将环境评估提升至战略性高度，即在宏观决策中考虑政策对环境和社会产生的潜在影响。这一做法既符合战略性环境评估的基本内容，也体现了新政策可持续发展的原则。近年来，良好的宏观环境政策为其他国家和国际组织参与完善东盟地区现有环境评估体系提供了较大的空间。外国政府和国际组织可帮助东盟国家完善相关法律体系、改进工作机制、提高管理水平和执行能力、提升公众意识，以此推动战略性环境评估体系在东盟地区的发展。

第四章　区域环保合作现状与前景

一、推进中国-东盟绿色发展与环保合作[①]

“中国-东盟环境合作论坛”以“创新与绿色发展”为主题，各参会代表围绕主题，深入讨论与交流，凝聚了探索绿色发展的智慧与共识，通过相互交流促进绿色发展的国家政策，推动绿色发展的产业合作等会议内容，为政府、企业和社会团体等搭建了沟通桥梁，共同探讨企业社会责任与绿色使命，分享了企业绿色创新的成功经验。通过本次论坛，我们就以下方面达成了共识：

第一，创新是绿色发展的核心动力，国家政策是实现绿色发展的重要制度保障。确认了大力发展绿色经济、低碳经济和循环经济，是实现绿色发展的重要支撑与方向。加强绿色政策与创新的协调，创造有利于绿色创新的政策环境，充分发挥国家相关政策对绿色创新的激励作用。

第二，加强绿色技术创新与产业合作是实现绿色发展的重要支撑。这需要我们各国积极推动绿色技术创新，大力发展战略性新兴产业，制定和完善促进绿色技术的市场转化政策，利用金融、税收等手段扶持和鼓励绿色发展与技术创新，充分激发产业界绿色创新的动力，建立促进绿色发展的合作伙伴关系。

第三，通过区域合作平台建设，推动绿色发展国际经验的交流、合作与能力建设。绿色发展、绿色创新不是一个国家的事情，要推动整个区域，乃至全球的绿色发展就需要不断加强合作与对话，在国际和区域社会内形成绿色发展的共识。我们将进一步发挥中国-东盟环保合作中心的积极作用，促进环境保护与可持续发展区域合作，实现区域可持续发展。

就稳步推进中国和东盟各国在绿色发展和环境保护的合作谈几点想法。

第一，以《中国-东盟环保合作战略》和《中国-东盟环保合作行动计划》为基础，以“中国-东盟绿色使者计划”为重要平台，扎实推进绿色发展、绿色科技创新等领域的交流与合作。

---

① 环境保护部李干杰副部长 2011 年 10 月 22 日在“中国-东盟环保合作论坛 2011：创新与绿色发展”上的闭幕致辞，有所删节。

第二，深化中国和东盟各国间环保产业合作，发挥政府和市场互动与桥梁作用，真正发挥政府引导、企业践行、市场激励和公众参与的积极作用。

第三，以区域可持续消费为引导，促进公众生活方式向环境友好型转变。中国、东盟各国可以以环境标志产品认证、低碳产品认证、政府绿色采购为重要合作领域，共同引导公众消费模式向资源节约型、环境友好型、清洁低碳型转变。

追求绿色发展是我们的共识，实现绿色发展的目标任重道远，此次论坛的成功召开对如何利用现有区域合作优势，加强中国-东盟环境合作，实现区域可持续发展，具有十分重要的意义。中国将继续以负责任和建设性的态度，与东盟各国携手努力，力争把中国-东盟环境合作建设成为推动区域绿色发展的典范，为共创更加美好和谐的区域环境作出贡献。

二、绿色发展将为中国-东盟环保合作注入新活力 ①

中国-东盟环保合作论坛的主题是创新与绿色发展，论坛的举办为相关利益方提供了一个非常好的信息共享和经验交流的机会，共同探讨绿色发展方面的话题，也得出了一些非常富有成果的结论。

绿色发展对于可持续发展至关重要。这要求人类将传统发展模式转变为绿色发展模式，从而实现经济、环境和社会的可持续增长模式。与此同时，要实现绿色发展的愿景，我们要有一种务实的态度。各国政府要投入相关努力推动绿色发展。在这方面，中国已经采取了一些有效措施，并将绿色发展的概念纳入“十二五”这个从 2011—2015 年的全面社会发展规划。

各国都要对环境保护给予高度关注，将其作为优先发展领域。东盟成员国也在环保政策的实施方面付出了很大的努力。尽管说存在很多挑战，比如缺乏人力资源。但我相信，中国-东盟绿色使者计划的顺利启动，将成为中国-东盟环境合作历程中一个非常重要的里程碑。相信该计划将鼓励本区域决策者支持创新企业，有利于环保意识的提高。期待该计划的全面实施将会带来更多合作机会，并推动中国-东盟环保合作战略的落实。建议将中国-东盟环保合作论坛长期化和制度化。

三、环保合作：中国-东盟合作的新亮点 ②

中国与东盟国家山水相连，双方有着十分密切的自然地理和生态环境联系。中国和东盟各国一样，都面临发展经济和保护环境的双重挑战。加强双方在环境保护领域的合作，有利于改善本地区的环境状况，降低经济发展的自然资源和生态环境

① 东盟副秘书长米斯然·卡尔梅 2011 年 10 月 22 日在“中国-东盟环保合作论坛 2011：创新与绿色发展”上的闭幕致辞，有所删节。

② 作者为中国-东盟环境保护合作中心主任唐丁丁。

成本，消除贫困和缩小发展差距，促进社会、经济与环境的可持续发展，实现互利共赢。

在中国和东盟领导人的高度重视下，双方在环境领域的合作发展迅速，显示出巨大的活力和发展潜力。2003 年，中国与东盟签署《面向和平与繁荣的战略伙伴关系联合宣言》，强调“进一步活跃科学、环境、教育、文化、人员等方面的交流，增进双方在这些领域的合作机制”。2007 年，在第 11 次中国-东盟领导人会议上，环境保护列为中国-东盟领导人会议机制下第十一个重点合作领域。中国国务院总理温家宝提出：“我们愿同东盟探讨制定中国-东盟环保合作战略。中方将于明年建立中国-东盟环保合作中心，建议适时建立中国-东盟环境部长会议机制，为建设资源节约型和环境友好型的东亚共同努力”。2009 年，中国与东盟联合制定并通过了《中国-东盟环保合作战略 2009—2015》，确定了公众意识和环境教育，环境无害化技术、环境标志与清洁生产，生物多样性保护合作，环境管理能力建设，环境产品和服务合作及全球环境问题 6 个优先合作领域。2010 年，在第 13 次中国-东盟领导人会议上，双方发表了《中国和东盟领导人关于可持续发展的联合声明》，提出积极落实《中国-东盟环保合作战略》，强调在生物多样性和生态环境、清洁生产、环境教育意识等领域开展合作。中国国务院总理温家宝提出双方要根据《中国-东盟环保合作战略》，尽快制订行动计划，发挥中国-东盟环保合作中心的作用，探讨开展“中国-东盟绿色使者计划”活动，扎实推进在循环经济、绿色经济、节能环保等领域的交流与合作。

现阶段，中国与东盟环境合作机制主要包括中国-东盟（10+1）、东盟-中日韩环境部长会议（10+3）、东亚环境部长会议（10+6）。在 10+1 合作框架下，中国与东盟陆续举办了中国-东盟环境管理研讨会、中国-东盟环境标志和清洁生产研讨会、中国-东盟环境影响评价及战略环境影响评价研讨会、中国-东盟绿色产业发展和合作研讨会等一系列交流与合作活动。

目前，双方正在抓紧磋商制订《中国-东盟环境合作行动计划》，探讨适时建立中国-东盟环境合作部长会议机制，在《中国-东盟环保合作战略》框架下，积极开展优先领域的合作，推动中国-东盟环境保护合作迈上新的台阶，争取将中国-东盟环境合作打造成双方合作的新亮点。

中国-东盟博览会是由中国和东盟 10 国及东盟秘书处共同主办，广西壮族自治区人民政府承办的国家级、国际性交流盛会，是中国与东盟合作的重要平台。今年是中国-东盟建立对话关系 20 周年，第八届“中国-东盟博览会”以环保合作为主题，反映了环保合作日益成为双方重点关注的合作内容，具有特别重要的意义。第八届“中国-东盟博览会”期间，广西壮族自治区人民政府与中华人民共和国环境保护部将联合主办“中国-东盟环境合作论坛”。东盟秘书处将作为论坛的支持机构，广西壮族自治区环境保护厅与中国-东盟环保合作中心作为承办机构，中国-东盟博览会秘书处作为协办机构参与论坛的筹备和组织。

举办“中国-东盟环境合作论坛”的目的是开展环境领域的高层对话、促进政策交流、搭建合作平台、建立伙伴关系。论坛主题为“创新与绿色发展”，将邀请中国和东盟成员国环境部长级官员、有关国际组织代表、合作伙伴代表、企业家、学者、协会和和非政府组织代表等参加。除嘉宾和专家发言、会议讨论等形成的合作共识和建议外，论坛的预期成果还包括：

（1）搭建环境与发展政策对话与交流平台，为区域可持续发展共同努力。通过举办“中国-东盟环境合作论坛”，搭建环境与发展政策对话与交流的平台，促进中国与东盟国家、各有关合作伙伴的理解与合作，为区域可持续发展共同努力。

（2）启动中国-东盟绿色使者计划，促进环境意识提高和人员交流。论坛将举行绿色使者计划启动仪式活动，邀请中国和东盟青年绿色使者代表，正式发布“中国-东盟绿色使者计划”。该计划旨在提高公众环境意识、加强人员交流与能力建设合作。计划将围绕中国-东盟环境合作的优先领域和双方共同关注的环境话题，在中国和东盟国家选择与命名一批“绿色使者”。

（3）开展环境保护产业合作与技术交流，建立合作网络。论坛将吸引来自中国和东盟工商界的广泛参与，为“中国-东盟环保产业的合作网络”的建立提供基础。环保产业合作网络将致力于中国和东盟环境友好型技术的交流与合作，为中国-东盟环保产业合作搭建平台与桥梁。

四、南南环境合作具有巨大发展潜力①

2011 年 4 月和 5 月，亚洲开发银行（以下简称“亚行”）陆续发布了《2011 年亚洲发展展望报告》和《可持续发展报告》。在前一份报告中，亚行全面分析了亚洲 45 个发展中国家一年来的经济表现，并对其未来两年的发展进行了预测；后一份报告介绍了亚行在促进环境可持续性与包容性增长以及减少环境足迹方面所做出的努力。上述两份报告的主要观点和内容如下：

1. 亚洲发展中国家引领区域从危机中恢复

亚行认为，世界已经走出了自经济大萧条以来最严重的衰退，但这是一种不均匀的恢复。

主要发达工业国家的经济都出现了倒退。2010 年，部分得益于经济低迷时期较低的贸易壁垒，美国、欧盟和日本的国内生产总值总共增长了 2.6%。2011 年和 2012 年，这些国家的国内生产总值增长与恢复初期相比预计将会变慢，预计为 2.1%。全球经济的不确定性会给这些国家维持增长的动力带来风险。

从长期看，亚洲发展中国家的前景将取决于主要发达工业国家的经济状况，因为发达国家是亚洲发展中国家的主要商品出口市场。

① 作者为中国-东盟环境保护合作中心彭宾、杨镇钟。

然而，值得注意的是亚洲发展中国家从全球经济衰退的影响中迅速恢复。2011年和2012年，该地区的发展中国家预计将分别以7.8%和7.7%的速度增长。与此相关，亚洲新兴国家在全球经济中正发挥着越来越大的作用。

2. 亚洲发展中国家仍然面临许多环境问题，其可持续发展需要解决两大挑战

亚行认为，经过过去几十年的快速增长，亚洲的贫困人口数量巨减，但减贫成果和未来增长却有潜在危险，因为该地区的发展很大程度上不是环境可持续的。亚洲发展中国家在未来要实现可持续和包容性增长，需解决两大挑战：

首先，需要应对日益上升的通货膨胀压力。受外部因素（全球石油和食品价格冲击）与内部强健复苏双重影响，该地区的消费品价格从2009年1.2%的增长率上升到2010年的4.4%。虽然很多国家已经采取了行动，2011年通货膨胀预计还会进一步上升至5.3%。政策制定者需要制定通胀管理的预案，避免因经济过热而动摇亚洲发展中国家宏观经济的稳定。

其次，亚洲发展中国家需要有新的资源确保全球可持续性增长。从短期看，发达工业国家似乎难以成为全球经济增长的推动力量，而发展中国家却有可能承担这一使命。持续的增长需要消除全球贸易失衡，进行结构性调整。对于亚洲发展中国家而言，那就意味着探索与培育新的增长资源。

3. 提升南南合作是促进全球增长的新动力，加强南南合作具有巨大潜力

亚行认为，进一步实现区域整合是实现可持续性增长的重要因素。加强区域内及跨区域的发展中国家合作具有巨大的潜力。到目前为止，发展中国家之间的合作还主要在于把最终产品输出到发达国家。在发达国家增长缓慢的时候，提升南南合作很可能成为促进全球增长的重要的新动力，加强区域内及跨区域的南南合作具有巨大的潜力。要做到这一点，发展中国家应该努力减少贸易与投资壁垒，继续推动全球和区域融合，充分挖掘市场潜力，使其成为新的增长源。

4. 解决亚太地区的环境挑战，确保可持续发展

在2008—2020年长期战略框架中，亚行重申了包容性和环境可持续性经济增长以及区域整合在减少亚太贫困人口与改善生活质量方面的重要性。作为“2020年战略”的五个核心领域之一，环境可持续性被纳入亚行的所有业务与投资内容中。为了有效地实现这一目标，亚行采取了以下行动：①加大对环境项目的投入，将环境问题在亚行业务中主流化；②促进可持续基础设施的转变；③改善自然资源管理和维护生态系统的完整性；④促进低碳发展与适应，应对气候变化；⑤帮助发展中成员国将环境目标纳入其政策与计划，加强环境治理；⑥与环境非政府组织、民间协会、其他发展机构和私营部门建立伙伴关系；⑦整合项目中的环境保护措施，以解决项目对环境产生的不利影响。

这两份重要的亚行报告，对了解亚太地区发展中国家的可持续发展状况，取得的成就和面临的挑战，以及如何进一步推进区域环境合作特别是南南环境合作具有启发性意义。亚行在环境可持续领域所开展的工作，对我国探索环境保护新道路，促进我国经济、社会可持续发展，建设资源节约型和环境友好型社会也有参考价值。

环境可持续性是亚洲及太平洋地区经济增长的重要先决条件。近年来，中国与周边发展中国家在经济持续高速增长，环境压力不断增大的背景下，共同面临许多环境挑战。这些挑战已经成为制约该地区经济持续、稳定发展、影响社会和谐、危害公众健康的一个重要因素。加强环境保护、促进可持续发展成为一个重要的发展和民生问题。虽然该地区的大多数国家都采取了各种积极的措施，减少资源消耗、环境污染和对生态的破坏，但由于环境问题具有污染面积广、影响范围大，修复难度高和转移速度快的特点，十分有必要借鉴他国解决环境问题的经验和教训。发展中国家之间存在很多共性问题，相互之间的学习和借鉴非常有必要。另外，一些环境问题还具有跨界特性，需要区域内国家之间开展合作，提高共同治理区域环境的水平。

我国与 14 个国家接壤，除俄罗斯相对发达以外，其余全部是发展中或最不发达国家，与这些国家的合作均应属南南合作范畴。积极开展南南环境合作，对兼顾和协调落实“周边是首要、发展中国家是基础”的外交方针，以环境合作促经济发展，以环境合作加深互信，以环境合作树良好形象，通过合作达到互利共赢、共同发展的目的具有十分重要的现实意义。

国际组织等外部伙伴可以为南南合作提供重要支持力量。长期以来，亚行致力于推动和支持南南合作，比如亚行发起并支持了大湄公河次区域合作，在东北亚、中亚等合作中也发挥着积极作用。当前，亚行把确保亚太地区环境可持续性发展作为其重要领域，向发展中国家提供贷款、赠款和技术援助等支持，为加强区域内的南南合作提供了良好的机遇。根据以上介绍和分析，本章对今后加强与亚行的合作进一步提升我国的环境管理水平和开展区域环境合作提出以下几点建议：

1. 利用亚行的资源和优势，进一步提高我国环境可持续发展水平

1986 年中国加入亚行以来，一直是亚行重点支持的对象，双方的合作成效显著。今后，应继续积极争取亚行对我国环境可持续发展的支持。鉴于亚行对包容性增长特别是农村和贫困地区、可持续交通以及新能源开发与利用的关注和重点扶持，建议重点探讨双方在农村基础设施、生态保护、城市环境治理、太阳能等新能源方面的合作。同时，考虑到我国在环境技术、管理和知识上仍然有巨大需求，可以利用亚行的技术援助项目，进一步完善我国的环境治理体系和技术标准，提高我国环境管理的水平。

2. 通过贸易和投资，加强环境产品、服务、技术合作，改善环境基础设施水平

由于发展中国家环境基础设施普遍比较落后，通过对外投资和援助等渠道，可以带动我国环境设备和技术出口，帮助发展中国家改善基础设施水平。亚行也在加大对发展中国家环境可持续基础设施投资的力度，这给中国的环境产业带来了新的发展机遇。2010 年，中国与东盟建成了世界上人口最多、市场最大、发展潜力巨大的自由贸易区，双方的经贸关系得到显著提升。随着区域对环境可持续日益重视，我国与周边发展中国家在环境产品和服务方面的合作可望有一个质的飞跃。

3．加强技术援助和能力建设合作，与区域其他发展中国家分享经验

加强技术援助和能力建设合作，一方面出于发展中国家存在的共性，相互之间的学习和借鉴十分重要；另一方面，在资源条件尚不充分的情况下，技术援助和能力建设是一个相对有效的合作方式。

近年来，我国在环境监管和执法体系建设、环境技术标准、节能减排、环保产业、城市垃圾和污水处理、生态环境保护、农村环境整治等领域都取得了显著成绩。我国可以与其他发展中国家分享经验。同时，可以利用亚行的专家资源，促进区域环境管理能力整体水平的提高。

4．积极参与区域环境合作机制，搞好周边关系，实现互利共赢

当前，在亚太地区有不少区域合作机制，如东盟、大湄公河次区域（GMS）、东北亚、中亚、南亚、亚太经合组织、上合组织等，这些合作机制大都属南南合作范畴，并且大部分采取开放型的合作方式，国际组织如联合国、亚行常常在合作中扮演倡导者、协调者、资金和技术支持者的作用。随着亚洲整体地位的提升和区域经济的蓬勃发展，亚洲区域合作会得到越来越多第三方国家和国际机构的关注。我国应利用各种资源，包括利用第三方国家和国际组织资源，积极参与区域合作机制，特别是中国-东盟（10+1）、GMS、中亚等有周边发展中国家参与的合作机制，探索南南环境合作的新模式，推动这些合作机制朝着于我国有利的方向发展。

附录一

东盟国家环境及合作概况

一、东盟国家的自然环境条件和环境保护情况

东南亚国家联盟（Association of Southeast Asian Nations），简称东盟[①]，是亚洲成立最早、一体化水平最高的合作组织。东盟毗邻太平洋、印度洋、安达曼海和中国南海，南北横跨 3 300km（北纬 30°～南纬 11°），东西横跨 5 600km（西经 92°～东经 142°），北部与中国接壤，西北与印度和孟加拉国接壤，东南与东帝汶和巴布亚新几内亚接壤。总面积约 444 万 km^2，人口 5.91 亿[②]。

东盟是世界上生态最富饶的地区之一。尽管东盟国土面积仅占世界陆地面积的3%，但是拥有丰富的生物遗迹。东盟有印度尼西亚、马来西亚和菲律宾三个生物多样性大国，这三个国家包括了全世界 80%的生物多样性。东盟的森林覆盖率高达45%，远高于世界平均值 30.3%。该地区有超过 1 000 个保护区，覆盖面积 595 700km^2，相当于其陆地面积的 13%，为地球上多达 40%的物种提供了栖息地。东盟还拥有丰富的红树林和珊瑚礁，占世界红树林面积的 34%和品种的 64%，占世界珊瑚礁总面积的 31%和海草种类的 33%。

人口的增加和经济的快速增长，加上东盟国家现有的区域社会的不公平，对该地区的自然资源施加了巨大的压力，并带来了许多共同和跨界环境问题，如大气、水、土地的污染、城市环境退化、跨界灰霾污染以及自然资源的枯竭，特别是生物多样性资源。由于经济发展阶段和水平上存在差异，东盟十国所面临的环境问题有所差别，对环境的认识和环境政策也各有不同。下文将具体介绍东盟各国的环境状况。

① 东盟由印度尼西亚、马来西亚、菲律宾、新加坡、泰国、文莱、越南、老挝、缅甸、柬埔寨 10 个国家组成。

② 截至 2010 年底。

（一）文莱

文莱，全称文莱达鲁萨兰国（Negara Brunei Darussalam）。位于加里曼丹岛西北部，北濒南中国海，东南西三面与马来西亚的沙捞越州接壤，并被沙捞越州的林梦分隔为不相连的东西两部分。面积 5 765km^2。人口 40.6 万①。文莱海岸线长约 162km，有 33 个岛屿，沿海为平原，内地多山地。属热带雨林气候，终年炎热多雨，年均气温 28℃。文莱的行政划分为区、乡和村三级。全国划分为 4 个区：文莱－穆阿拉（Brunei-Muara）、马来奕（Belait）、都东（Tutong）、淡布隆（Temburong）。首都斯里巴加湾市，位于文莱－穆阿拉区，面积 15.8km^2，人口约 6 万。

文莱国土面积狭小，自然资源品种单一，主要包括原油、天然气和木材等。全国已探明原油储量为 14 亿桶，天然气储量为 3 900 亿 m^3。是东南亚第三大产油国和世界第四大液化天然气生产国。文莱有 11 个森林保护区，面积为 2 277km^2，占国土面积的 39%，其中 86%的森林保护区为原始森林。文莱有摩拉等良好的深水港口，内河和领海盛产鱼虾等水产品。

文莱经济发达，是世界上最富有的国家之一。2008 年文莱人均 GDP 为 3.6 万美元，国民无须缴交个人所得税。石油和天然气的生产和出口是国民经济的支柱，约占国内生产总值的 67%和出口总收入的 96%。近年来侧重油气产品深度开发和港口扩建等基础设施建设，积极吸引外资，促进经济向多元化方向发展。目前，文莱非油气产业占 GDP 的比重逐渐上升，特别是建筑业发展较快，成为仅次于油气工业的重要产业。此外旅游业和服装业也对 GDP 有较大贡献。农业在国民生产总值中仅占 1%左右，90%的食品仍需进口。文莱经济发展中存在的主要问题是国内市场狭小、基础设施薄弱以及技术和人才短缺等。

2010 年，文莱的环境绩效指数②（Environmental Performance Index，EPI）的得分是 60.8，排名 72，具体环境绩效指标如附表 1 所示。文莱属于高等收入国家行列，其关注的环境问题主要以全球环境问题和新出现环境问题为主。由于水资源匮乏，文莱积极推动水资源的可持续管理，取得了很好的成效，水资源对人类影响指数达到 100。文莱农业比重微不足道，农业生态系统活力较强。

文莱负责环境相关问题的行政部门是文莱发展部。2008 年公布的《文莱达鲁萨兰国长期发展计划》中“2035 年远景展望”部分将环境保护战略列为八大战略之一。“2007—2017 年发展战略和政策纲要”部分关于环境保护强调“继续保护文莱生物多样性、热带雨林和自然生态；要求各产业和工业项目执行最严格的环保标准；对建筑物和著名文化遗产建立明确保护指南；对有关公共卫生和安全的环境维护执行严格管理办法；支持国际和区域对跨境和区域环境关注的努力”。“2007—2012 年国

① 2009 年数据。

② EPI 由美国耶鲁大学和哥伦比亚大学联合开展，2010 年参与调查共 163 个国家，包括 25 项绩效指数。得分越高表明环境绩效越好。

家发展计划”部分指出环境方面“重点是环境保护，维持自然资源的可持续发展，为此，须提出新的有关政策。有关内容包括空气和水源质量、固体垃圾处理、海岸线保护、公众认识和国际合作等。总拨款 1.28 亿文元，执行 19 个项目”。在东盟国家区域合作方面，文莱是环境教育和公众参与的牵头国家。

附表 1　2010 年文莱环境绩效指数

指数	得分/%
环境健康	86.22
水资源对人类的影响	100
大气污染对人的影响	71.17
环境相关疾病	86.86
生态系统活力	35.28
森林	82.17
渔业	60.39
农业	89.09
气候变化	25.54
大气污染对生态系统的影响	56.65
水资源对生态系统的影响	74.29
生物多样性与栖息地	76.65

资料来源：根据 EPI 网站数据编制。

（二）柬埔寨

柬埔寨，全称柬埔寨王国（Kingdom of Cambodia）。位于亚洲的中南半岛南部，东部和东南部同越南接壤，北部与老挝相邻，西和西北部与泰国毗邻，西南濒临泰国湾。湄公河自北向南横贯全境。面积 181 035km^2，人口 1 440 万[①]。海岸线长约 460km。属热带季风气候，年均气温为 24℃。柬埔寨的行政划分为 23 个省和 1 个直辖市。首都金边，人口约 102 万。主要城市有暹粒、马德望和西哈努克港等，举世文明的吴哥古迹就在靠近暹粒的地方。

柬埔寨是一个自然资源相当丰富的国家，中国史书早有“富贵真腊”（柬古称真腊）之称。资源主要包括土地、农产品、林产品、水产和畜产、矿产资源等。柬埔寨以农立国，土地资源丰富，主要农产品有稻谷、玉米、豆类、薯类等。2009 年柬埔寨农业产值约占 GDP 的 34.2%。柬埔寨拥有丰富的林业资源，森林面积约 890 万 hm^2，目前全国森林覆盖率约为 60%。木材种类达 200 多种，储量在 10 亿 m^3 以上。盛产柚木、铁木、紫檀、卯木、观丹木等贵重的热带木材和多种竹类，林副产品和药用植物也很丰富。柬埔寨江河湖泊众多，水产资源丰富。洞里萨湖是东南亚最大的天

① 数据来源：外交部网站 2010 年 6 月更新值。

然淡水渔场，素有“鱼湖”之称。西南沿海也是重要渔场，多产鱼虾。柬埔寨目前已知矿产品种有限，储量不明，主要有金、磷酸盐、宝石和石油，还有少量铁、煤。

柬埔寨属于世界上最不发达国家之一，贫困人口占总人口 28%，柬埔寨近两年的 GDP 数据如附表 2 所示。农业是柬埔寨第一大经济支柱，可耕地面积 630 万 hm^2，农业人口占总人口的 85%，占全国劳动力 78%。柬埔寨工业基础薄弱，门类单调，严重依赖于纺织和制衣业。2009 年柬埔寨工业产值约占 GDP 的 21%，其中纺织和制衣业占 GDP 的 9.2%，建筑业占 GDP 的 5.6%，水电供应占 GDP 的 0.5%，矿业加工占 GDP 的 0.4%。近年来服务业快速发展，服务业的 GDP 产值远高于工业产值。其中旅游业是带动柬埔寨服务业发展的原动力，其他还包括交通运输、零售和批发、酒店餐饮业、住宅投资、医疗和教育、金融保险及不动产等。柬政府实行对外开放的自由市场经济，推行经济私有化和贸易自由化，把发展经济、消除贫困作为首要任务。柬埔寨重视加强东盟内部和大湄公河次区域经济合作，积极推动柬越老经济三角区、柬泰老经济三角区和柬泰老缅四国经济合作。通过改善投资环境，取得一定成效。

附表 2　2008/2009 年柬埔寨 GDP 数据

类目	GDP 总值/亿美元	GDP 增长率	农业	工业	服务业	其他
2008 年	102.2	7%	26.9%	27%	39.7%	6.4%
2009 年	109.4	2.1%	34.2%	21%	37.8%	7%

资料来源：根据外交部网站数据编制。

柬埔寨是东南亚最绿的国家之一，20 世纪 60 年代，其国土表面大约 3/4 是森林和丛林。但由于连年的内战使环境遭到了极大的毁坏。大量新木材工厂的建立和沿海养虾池的开凿使森林被过度开发。此外，社会上非法开发水利、建筑乱占地等不良行为，导致水灾、泥石流、河床淤泥、水质下降、河流变道。柬埔寨的环境绩效较差，2010 年其环境绩效指数（EPI）得分是 41.7，排名 148，具体环境绩效指标如附表 3 所示。

1993 年第一届柬埔寨王国政府成立，环境问题在柬埔寨才逐渐受到重视。由于正处于大力促进经济增长的阶段，柬埔寨重点关注工业化、城市化带来的传统环境污染问题以及引进资金技术加强能力建设等问题。在区域环境合作方面，柬埔寨关注湄公河流域的水资源管理，希望形成全流域的环境管理机制。

环境部是柬埔寨的最高环境保护机构，环境部设中央和地方两级机构。为防治污染，减少生态破坏，政府出台了一些环保相关的政策和法律法规。《柬埔寨王国宪法》第 59 条是环境保护概念在柬埔寨王国法律中的首次体现，它规定“国家保护环境和丰富的自然资源的平衡，建立翔实的计划管理土地、水、空气、风、地理与生态系统、矿产、能源、石油和天然气、岩石和沙砾、宝石、森林和森林产品、野生动物、鱼类和水生资源”。1996 年柬埔寨出台了其环境保护的基本法律《柬埔寨环境保护及自然资源管理法》。除宪法和环境保护基本法外，柬埔寨还出台了一些环境保护的单行法和环境标准（如附表 4 所示），涵盖空气、噪声、水、固体废物、森林等多个领域。在环境保护的法律框架下，柬埔寨政府还制定了《环境保护立体战略（2008—2013）》，作为其绿色发展的路线图。在此基础上确定了中小企业发展、商品国际标准化、清洁生产、气候变化、能源效率、执行持久性有机污染物公约（POPs）六大优先领域。

附表 3　2010 年柬埔寨环境绩效指数

指数	得分
环境健康	28.81
水资源对人类的影响	29.42
大气污染对人的影响	30.34
环境相关疾病	27.75
生态系统活力	54.57
森林	48.88
渔业	50.00
农业	54.55
气候变化	56.29
大气污染对生态系统的影响	55.66
水资源对生态系统的影响	95
生物多样性与栖息地	81.73

资料来源：根据 EPI 网站数据编制。

附表 4　柬埔寨环境保护法规与标准

序号	环境领域	主要法律法规
1	空气与噪声污染治理	《关于空气污染与噪声干扰管理的行政法规》 《环境空气质量标准》 《车间、工厂和工业区噪声标准》
2	水污染治理	《关于水污染管理的行政法规》 《适用于排放废水或污水进入公共水域的污染源标准》 《公共水域与公众健康水质标准》
3	固体废弃物污染治理	《有关固体废弃物管理的行政法规》
4	森林植被破坏治理	《第 35 号森林管理法》 《关于管理森林资源和消除非法森林活动的法令》 《矿产资源管理与勘探开采法》
5	自然保护区管理	《关于建立自然保护区的法令》 《生物安全法》
6	环境影响评估	《有关环境影响评估程序的行政法规》

（三）印度尼西亚

印度尼西亚，全称印度尼西亚共和国（THE REPUBLIC OF INDONESIA），简称印尼。横跨赤道，地处印度洋和太平洋、亚洲和澳洲之间，是东西方海上交通的关口。陆地面积 1 910 931km^2，海洋面积 3 166 163km^2（不包括专属经济区）①。印尼人口 2.3 亿，是东南亚人口最多的国家，也是世界第四人口大国②。印尼还是世界上最大的群岛国家，由太平洋和印度洋之间 17 504 个大小岛屿组成，海岸线长 54 716km③。全国大部分地区属热带雨林气候，终年高温多雨，湿度大，年均气温 25～27℃，温差很小，无寒暑季节变化。分旱、雨两季，年平均降水量在 2 000mm 以上。印尼的行政划分为 33 个一级行政区和 410 个二级行政区（县/市）。其中一级行政区包括雅加达（Jakarta）首都特区，日惹（Yogyakarta）和亚齐达鲁萨兰（Nangroe Aceh Darusalam）2 个地方特区，30 个省。印尼首都雅加达，又称“椰城”，位于爪哇岛西部，面积 661.52km^2，人口 896.5 万④，是印尼政治、经济、文化中心，也是外国旅游者、商人、投资者进入印尼的大门。

印尼是个自然资源丰富的国家，素有“热带宝岛”之称，其矿产资源、生物资源、农业资源和旅游资源相当丰富。矿产资源方面，印尼的石油和天然气的储量在世界上占有重要地位，锡、煤、镍、金、银等矿产产量居世界前列。据印尼官方报道，其石油储量 97 亿桶，2009 年日产石油量为 95.6 万桶，天然气储量 4.8 万亿～5.1 万亿 m^3。印尼是世界上生物资源最丰富的国家之一，约有 40 000 多种植物，其中很多具有药用价值。印尼全国耕地面积 8 000 万 hm^2，2008 年实现了粮食自给。印尼有稻米、玉米、大豆等主要粮食作物和棕榈油、橡胶、胡椒、咖啡、可可等经济作物，是世界第一大棕榈油生产国。印尼海域广阔，且有一个适合各种鱼类生长的热带气候，渔业资源极为丰富。政府估计潜在捕捞量为 800 万 t/a，2007 年实际捕捞量为 494 万 t。印尼森林覆盖率超过 60%，盛产各种热带名贵的树种，如铁木、檀木、乌木和袖木等均驰名世界。

印尼是东盟最大的经济体。2009 年印尼国内生产总值 5 243 亿美元，人均收入 2 271 美元⑤。农业、工业和服务业均在国民经济中发挥重要作用。农业是印尼最基本的经济部门，农业人口比重占劳动力人数的一半左右。印尼是东南亚第一大产油国，油气行业是印尼的传统行业，对经济的贡献很大。近几年印尼发展强化外向型制造业，2009 年制造业占 GDP 比重的 26.4⑥，主要部门有采矿、纺织、轻工等。旅

① 资料来源：2009 年统计年鉴。

② 资料来源：2009 年印尼国家统计局数据。

③ 资料来源：世界银行数据。

④ 资料来源：2006 年人口普查数据。

⑤ 资料来源：印尼央行，印尼国家统计局，世行。

⑥ 资料来源：2009 年印尼统计年鉴。

游业是印尼非油气行业中的第二大创汇行业。

社会转型使得印尼环境恶化。2010 年，印尼环境绩效指数（EPI）的得分只有 44.6，排名 134，具体环境绩效指标如附表 5 所示。印尼虽然拥有丰富的自然资源，但由于长达 30 多年的独裁统治，以及重视经济发展和资源开发，忽视污染的管理体制对环境造成了巨大的影响。主要环境问题包括：农业烧荒造成的烟霾污染；因环境法律不能实施，总体卫生条件和污水处理设备落后而带来的工业垃圾和水污染问题；海洋污染及相关珊瑚礁退化；城市地区空气污染；因木材需求、木材加工生产和自给自足农业而造成的原始地区森林砍伐问题等。此外，印度尼西亚还是一个易受自然灾难影响的国家，地震、火山爆发、海啸等对环境也造成了破坏。

附表 5　2010 年印尼环境绩效指数

指数	得分
环境健康	44.59
水资源对人类的影响	55.82
大气污染对人的影响	31.81
环境相关疾病	45.36
生态系统活力	44.64
森林	18.9
渔业	70.41
农业	86.7
气候变化	49.24
大气污染对生态系统的影响	41.56
水资源对生态系统的影响	79.91
生物多样性与栖息地	63.19

资料来源：根据 EPI 网站数据编制。

环境部是印尼的最高环境保护机构，其任务就是协助印尼总统制定环境政策和协调环境管理。印尼重点关注资源开发利用引发的环境问题以及全球和区域环境问题，如城市环境管理与治理。快速的城市化引发的环境问题是东盟国家共同面对的挑战，也是各国共同关心的区域环境议题。在东盟国家区域合作方面，印尼是城市环境管理与治理的牵头国家。此外，印尼是区域生物多样性保护合作领域的积极推动者和引领者。

（四）老挝

老挝，全称老挝人民民主共和国（THE LAO PEOPLE'S DEMOCRATIC REPUBLIC）。是位于中南半岛北部唯一的内陆国家，北邻中国，南接柬埔寨，东接越南，西北达缅甸，西南毗连泰国。面积 236 800km^2，人口 600 万[①]。湄公河贯穿老挝全境，长达 1 900km。属热带、亚热带季风气候，年平均气温约 26℃，年降水量 1 250～3 750mm，5—10 月为雨季，11 月至次年 4 月为旱季。老挝行政区划分为 16 个省、1 个直辖市。首都万象（VIENTIANE），人口 72.6 万，是全国的政治、经济、文化中心。

老挝国土面积不大，但其独特的地质、土壤和气候孕育了丰富的动植物、水力和矿产资源等。老挝的农业资源丰富，农作物主要有水稻、玉米、薯类、咖啡、烟叶、花生、棉花等。2010 年森林面积约 1 100 万 hm^2，全国森林覆盖率约 52%，产柚木、花梨等名贵木材，并生长多种兽类、鸟类和爬行动物。老挝有着丰富的水力资源，据湄公河委员会测算的数据，老挝境内可开发的水能装机总容量达 3 500 万 kW。老挝的有色金属矿和玉石，不但品种多，储量也很大。金属矿中迄今得到开采的有金、铜、煤、钾盐、煤等。

老挝是一个发展水平较低的传统农业国。经济以农业为主，工业基础薄弱。1986 年起推行革新开放，调整经济结构，即农林业、工业和服务业相结合，优先发展农林业；实行多种所有制形式并存的经济政策，逐步完善市场经济机制；对外实行开放，颁布外资法，改善投资环境；扩大对外经济关系，争取引进更多的资金、先进技术和管理方式。老挝耕地面积约 80 万 hm^2，农业人口约占全国人口的 90%，2007 年农业生产总值约为 14.5 亿美元。工业相当薄弱，2007 年工业生产总值约为 12 亿美元，从业人口约 10 万人，仅占总劳动力的 4.2%。老挝的服务业起步较晚。其中旅游业近年来成为老挝经济发展的新兴产业。

由于工业基础薄弱，老挝环境污染问题还不算严重。但是，近年来老挝的水电、伐木和农业等项目的发展给环境带来了很多的问题，如严重的土地退化、生物多样性的丧失、森林覆盖率的降低、水电及其他基础项目造成的文化遗产的丧失等。此外，在经济开发中对自然资源造成的损耗也对老挝的环境与生态构成极大的威胁。以林业资源为例，近年来老挝的毁林情况相当严重，森林面积持续减少，森林覆盖率持续下降。此外，老挝大多数人口无法获得安全饮用水。2010 年，老挝环境绩效指数（EPI）的得分 59.6，排名 80，具体环境绩效指标如附表 6 所示。

老挝丰富的自然资源禀赋和落后的经济现状，目前正处于大力促进经济增长的阶段。其重点关注工业化、城市化带来的传统环境污染问题以及引进资金技术加强能力建设等问题。作为大湄公河次区域经济合作（GMS）的一员，老挝关注湄公河流域的水资源管理，希望形成全流域的环境管理机制。

老挝主管环境的部门是水资源环境部。1999 年 4 月，老挝颁布实施了《老挝环境保护法》，规定了关于环境的管理、保护和重建的条例。近年来，老挝制定了一些相关法律法规来进行环境管理。《外国在老挝投资法》第三章第二十七条规定，“按

① 2007 年统计数据。

合作经济合同经营的单位、联营企业和独资企业在经营活动过程中，须采取必要的措施保护环境，防止工业污染和保障职工安全”。《外国在老挝投资法实施细则》第四章第二十三条规定，“申请来老挝投资的外国投资者向老挝投资管理机关报送的经济技术研究报告应包括环境保护标准”。第四章第四十一条中规定，“联营企业在合同到期前可以解散的情况包括联营企业的经营造成环境严重污染而无力及时解决”。在第五章第五十七条规定，“通过出资方式或向他人购买的方式从外国引进的专有技术和先进技术须能满足的具体要求包括能保证节约劳力、原材料和燃料、动力，能保证生产安全和保护环境”。

附表 6　2010 年老挝环境绩效指数

指数	得分
环境健康	32.63
水资源对人类的影响	36.34
大气污染对人类的影响	26.47
环境相关疾病	33.86
生态系统活力	86.57
森林	87.53
渔业	N/A
农业	93.18
气候变化	68.77
大气污染对生态系统的影响	67.18
水资源对生态系统的影响	92.53
生物多样性与栖息地	100.00

资料来源：根据 EPI 网站数据编制。

（五）马来西亚

马来西亚，位于亚洲东南部，国土被南中国海分隔成东、西两部分。西马位于马来半岛南部，北与泰国接壤，南与新加坡隔柔佛海峡相望，东临南中国海，西濒马六甲海峡。东马位于加里曼丹岛北部，与印尼、菲律宾、文莱相邻。面积 330 257km^2，人口 2 825 万[①]。海岸线总长 4 192km。属热带雨林气候，内地山区年均气温 22～28℃，沿海平原为 25～30℃。行政划分为 13 个州和 3 个联邦直辖区。首都吉隆坡是联邦直辖区之一，人口约 140 万[②]。

马来西亚自然资源丰富。盛产油棕、橡胶、胡椒、热带水果等经济作物，其产量和出口量居世界前列。矿业以锡、石油和天然气开采为主，还有铁、金、钨、煤、

① 数据来源：马来西亚统计局 2010 年 7 月 2 日数据。

② 数据来源：2010 年，马来西亚统计局。

铝土、锰等矿产。据马来西亚统计局统计，2009 年马来西亚石油产量为 2.4 亿桶，液化天然气产量为 2 245.2 万 t。马来西亚曾经是世界产锡大国，但近年来产量明显减少。此外，马来西亚盛产热带林木。马来西亚渔业以近海捕捞为主，近年来深海捕捞和养殖业有所发展。

20 世纪 70 年代前，马来西亚经济以农业为主，依赖初级产品出口。70 年代以来不断调整产业结构，大力推行出口导向型经济。同时实施马来民族和原住民优先的"新经济政策"，旨在实现消除贫困、重组社会的目标。2010 年国内生产总值 2 207.9 亿美元，国内生产总值增长率 7.2%。马来西亚政府鼓励以本国原料为主的加工工业，重点发展电子、汽车、钢铁、石油化工和纺织品等。近年来服务业得到了迅速发展，成为国民经济发展的支柱性行业之一。服务业人数占全国就业人口的 50.76%，是就业人数最多的产业。此外，旅游业对国内生产总值也有重要贡献，是国家第三大经济支柱，第二大外汇收入来源。

随着对自然资源的大规模开发利用，资源消耗量急剧增加，随之而来的是环境污染的加剧。马来西亚环境部门 1996 年的环境报告显示，1995 年被鉴定为清洁的河流有 42 条，轻微污染的有 61 条，严重污染的有 13 条。据马来西亚气象局和环境部门的监测数据，在主要的都市区，大气中总悬浮颗粒每年平均值超过标准。马来西亚的热带雨林面积大幅度减少。造成马来西亚环境恶化的主要原因是工业、采矿业污染和对森林的过度砍伐。造成污染的主要工业部门有食品加工业、橡胶和棕榈油生产、化工、电子、纺织等。空气污染的主要来源是工业废气和汽车尾气排放。水污染比较严重的地区主要在半岛地区的西海岸，那里工业相对集中，人口密集。2010 年，马来西亚环境绩效指数（EPI）的得分 65.0，排名 54，具体环境绩效指标如附表 7 所示。

附表 7　2010 年马来西亚环境绩效指数

指数	得分
环境健康	81.31
水资源对人类的影响	95.77
大气污染对人类的影响	93.81
环境相关疾病	67.82
生态系统活力	48.67
森林	89.11
渔业	52.83
农业	94.75
气候变化	42.33
大气污染对生态系统的影响	44.72
水资源对生态系统的影响	74.01
生物多样性与栖息地	74.07

资料来源：根据 EPI 网站数据编制。

70 年代以来，环境恶化开始受到马来西亚政府的重视。马来西亚成立了环境部负责监督环境质量、评估新工程可能带来的环境影响、制定环境法规、实施政府批准的规章制度。针对环境污染的情况，马来西亚政府采取了一些应对措施。制定了有关的环境保护法规并严格执法。1974 年，马来西亚政府颁布了《环境质量法》。它提倡使用全面的、综合性的方法来治理环境，为协调全国环境管理活动提供了法律基础。政府采取的“让污染者付费”的措施在马来西亚取得了较好的成效。如环境部门制定了可允许的污染排放标准，规定在排放废气、废水中每单位某种污染物最多可允许达到的数量。超标准排放将被处以罚款。另外，马来西亚在清洁技术的使用和推广、越境危险废弃物管理等方面也有不错的成绩。在东盟国家区域合作方面，马来西亚是环境友好技术的牵头国家。马来西亚还是区域生物多样性保护合作领域积极的推动者和引领者。

（六）缅甸

缅甸，全称缅甸联邦共和国（Republic of the Union of Myanmar）。位于中南半岛西部，在西藏高原和马来半岛之间。东北与中国毗邻，西北与印度、孟加拉国相接，东南与老挝、泰国交界，西南濒临孟加拉湾和安达曼海。面积 676 578km^2，是中南半岛五国中面积最大的国家，而在东盟国家中也仅次于印度尼西亚，是国土面积第二位的国家。人口约 5 913 万人[①]。主要河流有伊洛瓦底江、萨尔温江等。海岸线长 3 200km。全年分凉、热、雨三季，属热带季风气候，年平均气温 27℃。行政划分为七个省、七个邦和联邦区。省是缅族主要聚居区，邦多为各少数民族聚居地，联邦区是首都内比都（Nay Pyi Taw），人口约 92 万。

缅甸自然条件优越，资源丰富。矿产资源主要有锡、钨、锌、铝、锑、锰、金、银等，宝石和玉石在世界上享有盛誉。石油和天然气在内陆及沿海均有较大蕴藏量。缅甸森林资源丰富，全国拥有林地 3 412 万 hm^2，森林覆盖率为 50%以上。其中，天然柚木蓄积量占世界总量的 75%。除柚木外，季风区还生长着优质硬木类树种铁力木、柳安、紫檀等。缅甸江河的三角洲、沿海的滩涂上，还生长着大片的潮水滩涂林。此外，缅甸还是一个盛产藤、竹的国家。缅甸水利资源丰富，伊洛瓦底江、钦敦江、萨尔温江三大水系纵贯南北，但由于缺少水利设施，尚未得到充分利用。

缅甸多年来经济发展缓慢，1987 年 12 月被联合国列为世界上最不发达国家之一。缅甸军人执政后，废除“社会主义计划经济”，实行以建立市场经济为目标的经济体制改革，鼓励发展私人企业，积极引进外资。2010 年 GDP 总额为 383 亿美元，人均 GDP 约 648 美元[②]。缅甸是传统的农业国，工业落后，缅甸政府虽确定了建设以农业为基础的工业国家的经济发展方针，但目前进展缓慢，缅甸实现工业化目标

① 数据来源：外交部网站 2009 年统计数据。

② 数据来源：缅甸政府统计数据。

的路还很长。2010 年农业产值占国民生产总值的 40.2%，农业劳动力约占全国总就业人口的 70%。农作物、水产品等都为外汇作出很大贡献。工业产值约占国民生产总值的 20%。主要工业有石油和天然气开采、小型机械制造、纺织、印染、碾米、木材加工、制糖、造纸、化肥和制药等。缅政府放宽对外贸限制，允许私人经营外贸业务，并开放了同邻国的边境贸易。2009—2010 财年缅甸主要贸易伙伴：泰国、中国、新加坡和印度。

由于经济发展不发达，当前缅甸的环境污染和生态退化程度还比较低。环境带来的问题主要包括森林植被破坏、水和大气污染、安全饮水和卫生设施不足导致的疾病等。2010 年，缅甸环境绩效指数（EPI）的得分 51.3，排名 110，具体环境绩效指标如附表 8 所示。不过，缅甸现阶段的经济增长发展主要是通过自然资源的开发利用来实现的，随着工业化程度的提高、城市化和人口增长将给缅甸的生态环境带来越来越大的压力。

附表 8　2010 年缅甸环境绩效指数

指数	得分
环境健康	42.63
水资源对人类的影响	72.66
大气污染对人类的影响	22.07
环境相关疾病	37.89
生态系统活力	59.97
森林	73.18
渔业	50.0
农业	90.91
气候变化	64.94
大气污染对生态系统的影响	56.33
水资源对生态系统的影响	66.49
生物多样性与栖息地	33.75

资料来源：根据 EPI 网站数据编制。

由于长期以来只注重经济发展，缅甸在环境保护方面还处于强化机构框架的初始阶段。缅甸没有成立专门的环境保护部。与环境有关的主要部门包括林业部、农业部等。缅甸政府制定了一些环境保护的法律法规以减缓环境污染和生态破坏，如《森林法》、《野生动植物保护和自然区域保护法》、《污染控制与清洁条例》、《环境保护条令》等，但由于没有完善环境保护和管理体系和相关配套技术，没有达到较好的成效。在东盟国家区域合作方面，缅甸是促进自然资源和生物多样性的可持续管理的牵头国家。

（七）菲律宾

菲律宾，全称菲律宾共和国（Republic of the Philippines）。位于亚洲东南部。北隔巴士海峡与中国台湾省遥遥相对，南和西南隔苏拉威西海、巴拉巴克海峡与印度尼西亚、马来西亚相望，西濒南中国海，东临太平洋。共有大小岛屿 7 000 多个，其中吕宋岛、棉兰老岛、萨马岛等 11 个主要岛屿占全国总面积的 96%。面积 29.97 万 km^2，人口 9 400 万①。海岸线长约 18 533km。属季风型热带雨林气候，高温多雨，湿度大，台风多。年均气温 27℃，年降水量 2 000～3 000mm。菲律宾行政划分为吕宋、维萨亚和棉兰老三大部分。全国设有首都地区、科迪勒拉行政区、棉兰老穆斯林自治区等 17 个地区，下设 81 个省和 117 个市。首都大马尼拉市（Metro Manila），人口 1 155 万②，是全国政治、经济、文化的中心，也是一个重要的交通枢纽和贸易港口。

菲律宾有丰富的林业、矿产和地热资源。菲律宾的森林面积约为 1 250 万 hm^2，森林覆盖率约 40%。菲律宾是东南亚最大的产铜国和世界十大产金国之一。矿产资源主要有铜、金、银、铁、铬、镍等 20 余种。菲律宾的地热资源丰富，预计有 20.9 亿桶原油标准能源。1976 年以来，菲律宾在巴拉望岛西北部海域发现了石油，储藏量约为 3.5 亿桶。

菲律宾经济属于出口导向型。第三产业在国民经济中地位突出，农业和制造业也占相当比重。20 世纪 60 年代后期采取开放政策，积极吸引外资，经济发展取得显著成效。1982 年被世界银行列为“中等收入国家”。此后受西方经济衰退和自身政局动荡影响，经济发展明显放缓。阿基诺总统执政后，增收节支，加大对农业和基础设施建设的投入，扩大内需和出口，国际收支得到改善，经济保持较快增长。2010 年国内生产总值 1 887 亿美元，人均国内生产总值 2 007 美元，GDP 增长达 7.3%，取得近 24 年来最好水平。但菲律宾经济结构中深层次问题仍较多，财政改革和经济发展任重道远。2010 年服务业产值占国内生产总值的 54.8%，对经济作出巨大贡献。2010 年工业产值占国内生产总值的 31.3%。其中制造业占工业总产值 70.1%，建筑业占 14.0%，矿产业占 4.8%，电力及水气业占 11.1%。2010 年农林渔业产值占国内生产总值的 13.9%，主要农渔产品包括稻谷、玉米、鱼类、生猪等。

长期以来菲律宾重视经济发展和资源开发，而较忽视污染管理。虽然这个群岛国家有着丰富的自然资源，但人口压力和自然灾害的破坏性影响也带来了很多环境问题。2010 年，菲律宾环境绩效指数（EPI）的得分 65.7，排名 50，具体环境绩效指标如附表 9 所示。菲律宾目前关键的环境问题包括森林面积迅速减少、土地侵蚀、车辆尾气排放造成的空气污染、工业水污染、沿海红树林沼泽地大面积破坏以及珊

① 数据来源：2010 年统计数据。

② 数据来源：2007 年统计数据。

瑚礁破坏等。

附表 9　2010 年菲律宾环境绩效指数

指数	得分
环境健康	65.88
水资源对人类的影响	81.62
大气污染对人类的影响	71.72
环境相关疾病	55.08
生态系统活力	65.49
森林	47.95
渔业	76.27
农业	84.57
气候变化	64.45
大气污染对生态系统的影响	51.76
水资源对生态系统的影响	86.41
生物多样性与栖息地	64.16

资料来源：根据 EPI 网站数据编制。

环境与自然资源部是菲律宾环境保护和管理部门。其下属的环境管理局、地方政府和其他机构协助制定和执行环境政策。此外，土地改革部和农业部也负责部分环境的管理和保护工作。为实现环境、经济、社会的协调发展，菲律宾政府发布了一系列环境相关的法律法规。1985 年颁布的 1586 号总统条例《菲律宾环境影响声明》是菲律宾的第一个环境法令。之后，政府又出台了《有毒有害物质和核废物控制法》、《清洁空气法》、《生态固体废弃物管理法案》、《清洁水法》、《污染控制法》、《可再生能源法》等相关法律法规。在东盟国家区域合作方面，菲律宾是沿海、海洋环境保护与可持续利用的牵头国家。

（八）新加坡

新加坡，全称新加坡共和国（The Republic of Singapore）。位于马来半岛南端、马六甲海峡出入口，北隔柔佛海峡与马来西亚相邻，南隔新加坡海峡与印度尼西亚相望。由新加坡岛及附近 63 个小岛组成，其中新加坡岛占全国面积的 88.5%。新加坡是亚洲最重要的金融、服务和航运中心之一。面积 712.4km^2，公民和永久居民 377.1 万，常住人口 507.6 万[①]。海岸线长 193km。属热带海洋性气候，常年高温潮湿多雨。年平均气温 24～27℃，年平均降水量 2 345mm。

新加坡国土面积小、物产资源匮乏，但植物资源比较丰富。矿产资源除岛中部武吉知马的锡矿、辉钼矿和绿泥石的小矿藏外，其他矿产资源匮乏，锡矿也在早年

① 数据来源：2010 年统计数据。

被采尽。此外，新加坡农业受地形、河流等因素制约，农业耕地面积小，粮食依赖进口，连淡水也主要靠从国外引入。虽然四面环海，但渔业资源并不丰富，年产仅1万余 t。但是新加坡植物资源丰富，植物品种多达 2 000 种以上，多属热带低地常绿植物。其中椰子、油棕、橡胶是经济价值较高的作物。普遍种植有著名的热带观赏花卉胡姬花（兰花），胡姬花每年被大量销往欧、美、日、澳和中国香港等国家和地区，是该国重要的出口创汇商品之一。

新加坡在东盟国家中经济发展水平最高，位居亚洲“四小龙”之首，已跻身于发达国家行列。2010 年国内生产总值 2 266.1 亿美元，人均国内生产总值 43 867 美元，国内生产总值增长率为 14.5%[①]。服务业 2010 年产值占国内生产总值的 63.6%。工业产值占国内生产总值的 26.7%。工业主要包括制造业和建筑业。用于农业生产的土地仅占国土总面积的 1%左右，产值仅占国民经济不到 0.1%，绝大部分粮食、蔬菜从马来西亚、中国、印度尼西亚和澳大利亚进口。新加坡属外贸驱动型经济，政府一直大力鼓励吸引外商投资、发展自由贸易。以电子、石油化工、金融、航运、服务业为主，是东南亚最大的海港、重要商业城市和转口贸易中心，也是国际金融中心和重要的航空中心，高度依赖美、日、欧和周边市场，外贸总额是 GDP 的四倍。

新加坡在城市保洁方面效果显著，故亦有“花园城市”之美称。2010 年，新加坡环境绩效指数（EPI）的得分 69.6，排名 28，具体环境绩效指标如附表 10 所示。由于水资源匮乏，新加坡非常重视水资源的可持续管理，开展了新加坡“国家水喉”计划，取得了良好的成效。在东盟国家区域合作方面，新加坡也是可持续淡水资源管理的牵头国家。

附表 10　2010 年新加坡环境绩效指数

指数	得分
环境健康	89.18
水资源对人类的影响	100.00
大气污染对人类的影响	78.53
环境相关疾病	89.10
生态系统活力	50.09
森林	100.00
渔业	50.0
农业	97.73
气候变化	48.57
大气污染对生态系统的影响	10.72
水资源对生态系统的影响	99.01
生物多样性与栖息地	44.24

资料来源：根据 EPI 网站数据编制。

① 数据来源：2010 年统计数据。

新加坡环境相关的政府部门包括负责环境管理的环境与水资源部和对环境资源进行保护的初级生产部。此外，还有一些公共机构，如新加坡环境署。新加坡出台了《可持续发展蓝图》，包括四个方面：促进资源有效利用、保证环境质量、进行能力建设以克服资源短缺、不同行业间建立更多联系以实现可持续发展。此外，新加坡制定了完备的环境立法并且坚持环境维护和建设并重。出台了《公共环境卫生法》、《环境污染控制法》、《野生动物和鸟类法》等环境法律和法规。新加坡的一些城市环境管理与治理措施值得借鉴，如制定各类废物处理和排放标准、生活垃圾分类回收、制造业废料再循环使用、汽车尾气监测体系、工业废水排放标准、良好的公共卫生教育等。

（九）泰国

泰国，全称泰王国（The Kingdom of Thailand）。位于中南半岛中南部。与柬埔寨、老挝、缅甸、马来西亚接壤，东南临泰国湾，西南濒安达曼海。面积 513 115km^2，人口约 6 740 万。热带季风气候。全年分为热、雨、旱三季。年均气温 27℃。泰国行政划分为中部、南部、东部、北部和东北部五个地区，共有 76 个府，府下设县、区、村。首都曼谷，人口 686 万，是东南亚一个重要的国际化大城市和国际交流的中心，也是泰国唯一的府级直辖市。

泰国是一个自然资源十分丰富的国家，主要资源有矿产、生物和水力资源。泰国矿产资源种类多，储量丰富，主要有钾盐、锡、褐煤、油页岩、天然气，还有锌、铅、钨、铁、锑、铬、重晶石、宝石和石油等。其中钾盐储量居世界第一，锡储量占世界总储量的 12%。泰国的生物资源也十分可观。全国森林面积 1 440 万 hm^2，覆盖率 25%。据植物学家估计，泰国有 30 多万种植物，而且有不少属珍贵林木，尤以柚木最为名贵，是造船的好材料。泰国拥有充足的淡水和海水资源。泰国有充沛的雨量、众多的河流以及大量的地下水，淡水面积为 3 750km^2。地下水是泰国城市和工矿区饮用水的主要来源。泰国海域辽阔，拥有 2 705km 海岸线，泰国湾和安达曼湾是得天独厚的天然海洋渔场。此外，还有总面积 1 100 多 km^2 的淡水养殖场。泰国是世界市场主要鱼类产品供应国之一，也是位于日本和中国之后的亚洲第三大海洋渔业国。

泰国属于中等收入国家。2010 年国内生产总值 45 958 亿铢，国内生产总值增长率 7.8%。泰国经济属外向型，实行自由经济政策，较依赖美、日、欧等外部市场。农业、轻工业、旅游业和宝石出口业为泰国经济的四大支柱。作为传统农业国，农产品是泰国外汇收入的主要来源之一。全国耕地面积为 2 070 万 hm^2，占全国土地面积的 38%，农业人口约 1 530 万人。近年来由于实施工业化，农业在泰国 GDP 中的比重已降到 10%左右，但农业在泰国经济和社会结构中仍具有十分重要的地位。工业在国内生产总值中的比重不断上升。2009 年工业占 GDP 比重为 39.0%，2010 年工业增长 13.9%。20 世纪 80 年代起制造业尤其是电子工业迅速发展。旅游业近年来保持稳定发展势头，2009 年服务业占泰国 GDP 比重为 33.8%。泰国是红宝石与蓝宝石的著名产地和集散地，泰国已成为仅次于意大利的世界第二大宝石出口国。

近年来，由于追求经济快速增长忽视生态和环境保护，泰国的水、空气和土地污染日益恶化。2010 年，泰国环境绩效指数（EPI）的得分 62.2，排名 67，具体环境绩效指标如附表 11 所示。由于过度采伐，泰国森林锐减，森林覆盖率从 20 世纪 50 年代的 60%下降到 90 年代中期的 31.1%。这不但使森林涵水固土能力受到很大破坏，也导致湄南河水量急速减少，对灌溉用水、水力发电、饮用水的供给产生了极大影响，并导致洪水及滑坡等自然灾害事件频发。此外，经济发展还带来了各种城市环境问题，如工业废水的排放、噪声和灰尘污染等。

附表 11　2010 年泰国环境绩效指数

指数	得分
环境健康	65.58
水资源对人类的影响	96.03
大气污染对人类的影响	54.48
环境相关疾病	55.9
生态系统活力	58.73
森林	89.85
渔业	60.13
农业	90.01
气候变化	52.97
大气污染对生态系统的影响	36.59
水资源对生态系统的影响	77.73
生物多样性与栖息地	79.77

资料来源：根据 EPI 网站数据编制。

泰国负责环境管理和保护的行政部门主要是国家环境委员会以及科学技术和环境部。1975 年泰国政府制定了环境基本法《国家环境质量改善保护法》。关于环境影响审查的法律措施 1975 年就已写入国家环境保护法中。另外，在 1969 年制定、1992 年修订的《工厂法》中规定了废气基准和排水基准。但是泰国的环境政策并没得到健全的法制、预算措施及职员、设施等的辅助，这种现状也是经济基础薄弱的发展中国家共同的课题。在区域生物多样性保护合作领域，泰国是积极的推动者和引领者。泰国关注全球环境问题，在东盟国家区域合作方面，泰国是气候变化问题的牵头国家。作为大湄公河经济合作组织成员国之一，泰国关注湄公河流域的水资源管理，希望形成全流域的环境管理机制。

（十）越南

越南，全称越南社会主义共和国（The Socialist Republic of Viet Nam）。位于中

南半岛东部，北与中国接壤，西与老挝、柬埔寨交界，东面和南面临南海。国土面积 329 556km^2，人口 8 693 万[①]。海岸线长 3 260 多 km。地处北回归线以南，属热带季风气候，高温多雨。年平均气温 24℃左右。年平均降雨量为 1 500～2 000mm。北方分春、夏、秋、冬四季。南方雨旱两季分明，大部分地区 5—10 月为雨季，11 月至次年 4 月为旱季。越南行政划分为 58 个省和 5 个直辖市。首都河内（Ha Noi），位于红河三角洲平原的中央，面积 3 340km^2，人口 661 万人，是越南的政治经济文化中心和北方最大的城市和交通枢纽。

越南是个物产丰富的国家，越南人常以“金山银海”来形容他们国家的富饶。越南农业资源丰富。粮食作物以水稻为主，绝大部分地区一年可种两季稻，南方可种三季稻，而且产量潜力较大。红河三角洲和湄公河三角洲土地肥沃，是世界上著名的谷仓之一。越南有 158 万 hm^2 红土地带，富含磷、保水力强、湿度较低的红土，适宜种植橡胶、茶叶、咖啡、柑橘等。越南沿海的 50 多万 hm^2 沙土，适宜种植花生、芝麻、甘蔗、烟草、椰子和杂粮。越南政府主张保护和发展林业，全国林业面积在 1 000 万 hm^2 以上，森林覆盖率达到 31%～32%。近年来林业产品发展较快，出口产品价值达到 2 亿美元。由于越南海岸线漫长，内陆河流交错，渔业资源丰富，有许多天然优良渔场。主要海产品如对虾、海蜇等出口亚洲各国，成为主要出口创汇产品之一。越南矿产资源丰富，已发现的矿产资源有 90 多种，储量较多和有开采价值的矿产有石油、天然气、煤、磷灰石、铝矾土、铁、铬、宝石等。越南的石油储量在东南亚次于印度尼西亚、马来西亚而位居第三，在世界排名第二十五位。越南的煤主要是高质量的无烟煤，鸿基煤矿是东南亚最大的煤矿。

越南是发展中国家。1986 年开始实行革新开放，经过 25 年的革新，基本形成了以国有经济为主导、多种经济成分共同发展的格局。2010 年越南国内生产总值 1 016 亿美元，国内生产总值增长率 6.78%，人均国内生产总值为 1 168 美元[②]。国内生产总值中农业占 21.3%、工业占 40%、服务业占 38.7%。越南是传统农业国，农业人口约占总人口的 75%。耕地及林地占总面积的 60%[③]。2010 年，越南工业产值增长 14%，主要工业产品：煤炭、原油、天然气、液化气、水产品等。近年越南服务业保持较快增长，2010 年服务业产值增长 24.5%。

越南的自然条件十分优势，资源富饶。但最近几年来，也出现了一系列的环境问题。在农村地区，土地的过度开发、过度施用农药和化肥，导致农村土地退化和农业污染；乱砍滥伐森林，移民毁林开荒，造成森林面积大幅度减少、水土流失；随着城市化和工业化的发展，城市水污染、空气污染、固体废料和危险废料增多、交通拥挤、噪声等环境问题日益突出；居民的安全饮用水严重不足，垃圾处理能力不足等。2010 年，越南环境绩效指数（EPI）的得分 59.0，排名 85，具体环境绩效

① 数据来源：2010 年统计数据。

② 数据来源：2010 年统计数据。

③ 2009 年数据。

指标如附表 12 所示。

附表 12 2010 年越南环境绩效指数

指数	得分
环境健康	59.89
水资源对人类的影响	73.46
大气污染对人类的影响	41.47
环境相关疾病	62.31
生态系统活力	58.11
森林	100.00
渔业	52.01
农业	84.03
气候变化	58.22
大气污染对生态系统的影响	42.95
水资源对生态系统的影响	78.05
生物多样性与栖息地	41.28

资料来源：根据 EPI 网站数据编制。

自然资源和环境部是越南主管环境问题的行政部门。越南制定了一套环境保护的法律体系。《越南社会主义共和国宪法》在第二十九条对环境保护作了原则性规定："国家机关、人民武装部队、经济组织、社会团体和个人必须遵守国家关于合理使用自然资源和保护环境的各项规定。" 1993 年越南出台了其综合性环境保护的基本法《环境保护法》，该法对防止和克服环境衰退、环境污染、环境事故的制度；环境保护的国家管理；环境保护国际关系等进行了规定。越南还颁布了《土地法》、《矿产法》、《水资源法》等环境保护单行法。此外，还有一些与环境保护有关的标准、规定，如自然资源税负、水资源税负的规定等。近年来越南出台了一系列推动可持续发展的国家战略，如 2003 年发布的《2010—2020 年国家环境保护合作战略》，2004 年发布的《关于推动可持续发展战略的决定》，2005 年发布的《农业可持续发展和水产业可持续发展行动计划》等。在环境保护方面，越南注重加强与国际社会的合作。越南已成为有关环境保护的国际公约如《蒙特利尔协定》、《气候变化公约》、《生物多样性公约》、《联合国海洋公约》（UNGLOS）等的签约国。在东盟国家区域合作方面，越南是全球环境问题的牵头国家。

二、东盟 10 国的环境合作

认识到环境合作对可持续发展和区域一体化的重要性，从 1997 年开始东盟成员国间加强环境合作。2002 年在老挝万象召开的第七次东盟环境部长非正式会议上确定了 10 个合作优先领域，并同意由每个国家牵头负责一项环境领域的合作。在 2007

年的东盟环境部长会议上，各国同意将可持续森林管理、自然公园和保护区的可持续管理合并为生物多样性的可持续管理。目前，东盟环境合作集中在 2009 年第 14 届东盟首脑会议上通过的《东盟社会文化共同体蓝图（2009—2015）》中确定的 10 个优先领域。

1．解决全球环境问题

该领域旨在通过加强区域合作，开展应对多边环境协议中大气专题问题的措施，如气候变化和消耗臭氧物质，以及化学品和化学废物的多边环境协议，促进相关多边环境协议实施的协同效应。该领域属于东盟多边环境协议工作组（AWGMEA）范畴，牵头国家是越南。

2．管理及防止跨界环境污染

该领域旨在采取措施、加强国际和区域合作，通过能力建设、提高公众意识、加强执法、促进环境可持续做法以及落实《东盟跨界灰霾污染协议》，打击跨界环境污染。包括灰霾污染、有害废物跨界转移两部分。该领域属于东盟社会文化委员会范畴。

现阶段该领域合作主要集中于跨界烟霾污染方面。虽然，主要污染来源国印度尼西亚没有参加该协议，但该协议机构在印度尼西亚、文莱、马来西亚、新加坡和泰国等国家间顺利实施。目前该协议已取得包括建立跨界烟霾污染防治基金；模拟演练“监测、评估和应急标准作业程序”；东盟国家消防资源在线清单；零燃烧和控制燃烧行为的执行；确保在紧急情况下建立与维护东盟烟霾行动在线网等实质性进展。

3．环境教育和公众参与

该领域旨在建立一个清洁和绿色的东盟，使其公民接受环境教育，具备环境道德素养、愿意并有能力通过环境教育和公众参与来确保区域可持续发展。该领域属于东盟环境教育工作组范畴，牵头国家是文莱。

在第十次东盟环境部长非正式会议上通过的《东盟环境教育行动计划（2008—2012 年）》确定了以下主要内容：通过建立东盟可持续/绿色/生态学校网络，在东盟推广可持续学校概念；为目标群体，如政府官员、议会等开展可持续发展领导培训计划；管理东盟环境教育清单数据库（AEEID）；建立东盟可持续发展青年网络；举办东盟环境可持续发展电影节。第 19 次东盟环境高官会同意成立东盟环境教育工作组以监督《东盟环境教育行动计划（2008—2012 年）》的实施。

4．环境友好技术（EST）

该领域旨在积极促进清洁生产工艺和技术应用，并建立了东盟环境友好技术（ASEAN-NEST）网络，分享绿色技术经验和信息对环境造成最小影响下达到可持续发展。该领域属于东盟秘书处的范畴，牵头国家是马来西亚。

5．城市环境管理与治理

该领域旨在扩大东盟环境可持续城市现有网络，减少工业和运输污染，确保东盟城市/市区的环境可持续性。为解决空气污染、固体废物管理和水质污染等问题。东盟于 2005 年提出了环境可持续型城市（Environmentally Sustainable City，AIESC）倡议并制定了清洁空气、清洁水和清洁土地的关键指标。目前，东盟国家有 25 个城市参与了该倡议。此外，东盟还启动了环境可持续型城市奖励方案。该奖项通过介绍环境模范城市做法，在东盟国家间分享最佳实践范例。城市环境管理与治理属于东盟环境可持续城市工作组范畴，牵头国家是印度尼西亚。

6．协调环境政策和数据

该领域旨在通过可行方式分阶段协调环境政策和数据，从而支持该地区环境、社会和经济目标的整合。东盟在 1997 年、2001 年、2006 年和 2009 年出版了四期区域环境报告。此外，东盟还于 2002 年世界可持续发展首脑会议（WSSD）期间发表了东盟报告，更新了东盟对实施 21 世纪议程的具体落实情况。该领域属于东盟秘书处范畴。

7．促进沿海、海洋环境保护与可持续利用

该领域旨在通过开发国家海洋水质标准、建立保护区代表网络、开展公共意识运动等确保东盟沿海和海洋环境的可持续管理，典型生态系统、原始地区和物种的保护，经济活动的可持续管理，以及沿海和海洋环境公众意识的灌输。目前，东盟发布了《东盟海水水质标准：管理准则和监测手册》，为东盟成员国在协调海洋水质管理政策和监测方法上提供参考文件。该领域属于沿海海洋环境工作组的范畴，牵头国家是菲律宾。

8．促进自然资源和生物多样性的可持续管理

该领域旨在通过加强跨界保护区的管理合作、建立功能性区域网络、促进东盟地区生物资源和生物安全措施清单的能力建设、在区域和国际层面上减少外来物种的影响等措施，确保东盟丰富的生物多样性的保护和可持续管理。为此，东盟成立了东盟生物多样性中心（ACB）并开展了环境合作旗舰项目，如东盟遗产公园计划。到目前为止，有 28 片区域被划为遗产公园。该领域属于东盟自然资源和生物多样性工作组的范畴，牵头国家是缅甸。

9．可持续的淡水资源管理

该领域旨在促进水资源的可持续性，提供足够和可负担的水服务以满足东盟人民的需要。东盟于 2002 年成立了水资源管理工作组（AWGWRM），并通过了旨在解决有关水资源需求和供给问题的《东盟水资源管理长期战略计划》和《东盟水资源管理行动计划》。为落实行动计划，东盟开展了一系列活动，包括水资源综合管理战略的研讨会、城市水资源需求管理学习论坛、水资源灌溉需求管理学习论坛、东盟成员国洪水极端事件的风险和影响研讨会等。该领域属于东盟水资源管理工作的范畴，牵头国家是新加坡。

10．应对气候变化及其影响

该领域旨在通过在东盟成员国实施减排和适应措施，加强区域和国际合作以应

对气候变化及其对社会经济发展、健康和环境的影响。包括鼓励开发《东盟气候变化倡议》，开发区域战略以增强适应能力、低碳经济和加强应对气候变化效应的公共意识，加强东盟成员国和相关伙伴间的合作以应对气候相关的灾害和气候变化情景，开发区域分类观察系统以监测气候变化对东盟脆弱生态系统的影响等。东盟编制成立了“应对气候变化行动计划”并建议建立“东盟应对气候变化工作组”。此外，东盟还积极推行“清凉东盟与绿色首都行动”。为更好地推动该项工作的开展，东盟正在筹备建立东盟气候变化工作组。该领域的牵头国家是泰国。

东盟领导人一致认为，《东盟社会文化共同体蓝图（2009—2015）》加上东盟政治安全共同体蓝图、东盟经济共同体蓝图以及东亚一体化倡议 IAI 工作计划 II 一起构成了实现 2015 年东盟共同体的路线图。附图 1 展示了东盟社会文化共同体蓝图中环境合作的主要方向：

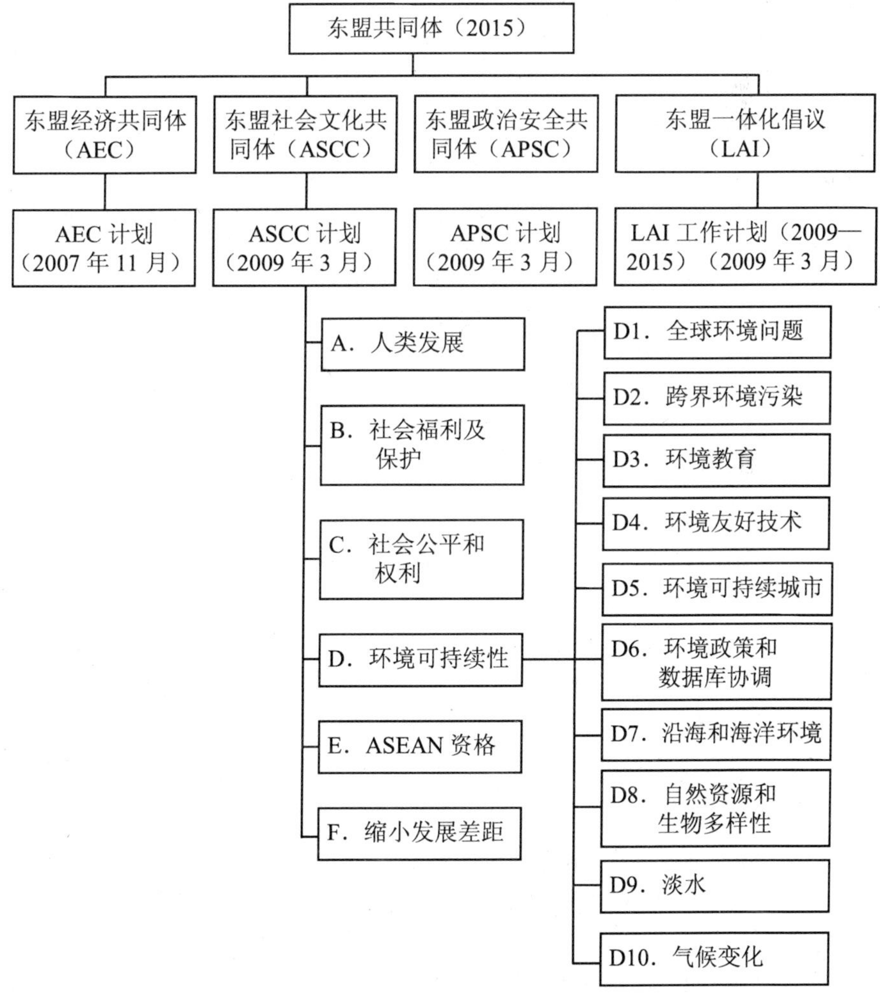

附图 1　东盟社会文化共同体蓝图中环境合作的主要方向

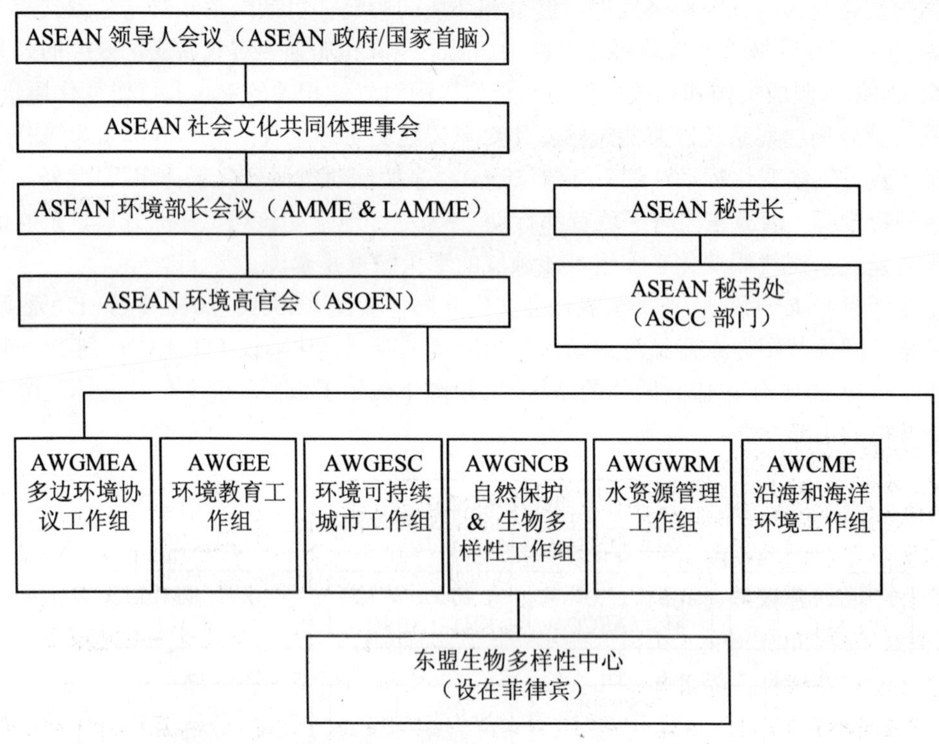

附图 2　东盟环境合作管理框架

在东盟社会文化共同体理事会框架下，东盟环境合作已经形成了完整的管理体系框架，具体如上图所示。

附录二

中国-东盟环境合作行动计划

（2011—2013）

一、背景

1. 中国-东盟环境合作是中国-东盟合作框架下的优先合作领域之一，受到中国和东盟各成员国的高度重视。温家宝总理2007年11月提出中国将成立中国-东盟环保合作中心，建议双方共同制定环保合作战略，推动相关合作。东盟领导人签署的《东盟共同体2009—2015年路线图华欣宣言》，也高度关注可持续发展的整体概念，包括环境可持续性、经济增长和社会发展，务实推动区域环境合作。

2. 2009年10月，中国与东盟方面联合制定与通过了《中国-东盟环境保护合作战略（2009—2015）》，为双方推进具体环境合作提供了基础。战略主要根据中国-东盟环境合作传统领域与东盟共同体蓝图，确定了公众意识和环境教育，促进环境友好技术、环境标志与清洁生产，生物多样性保护，环境管理能力建设，全球环境问题，促进环境产品和服务等作为优先合作领域，并提出将制定行动计划进一步落实战略。

3. 2010年3月，经中国政府批准，环境保护部组建中国-东盟环境保护合作中心，负责推动中国-东盟环保合作及具体实施合作战略。

4. 2010年10月第13次中国与东盟领导人会议在越南召开，温家宝总理在会议上提出，中国和东盟要根据中国-东盟环保合作战略，尽快制订行动计划，发挥中国-东盟环保合作中心的作用，探讨开展中国-东盟绿色使者计划活动，扎实推进在循环经济、绿色经济、节能环保等领域的交流与合作。领导人会议发表了《中国和东盟领导人关于可持续发展的联合声明》，声明提出，支持发挥中国-东盟环保合作中心的作用，积极落实中国-东盟环保合作战略，特别是在通过与东盟生物多样性中心合作保护生物多样性和生态环境、清洁生产、环境教育意识等领域开展合作。

5. 第13次中国-东盟领导人会议通过了《落实中国-东盟面向和平与繁荣的战略伙伴关系联合宣言的行动计划（2011—2015）》文件，其中提出，环境合作领域将采取以下共同行动和措施：

（1）落实《中国-东盟环保合作战略（2009—2015）》，适时联合制定“中国-东盟环境保护行动计划”；

（2）支持中国-东盟环保合作中心工作，根据《中国-东盟环保合作战略（2009—2015）》，促进环境合作；

（3）加强环境友好型产业，包括环境友好技术、环境标志和清洁生产方面的交流与合作，支持中国和东盟实现绿色和环境可持续发展；

（4）加强城乡环境保护领域的对话与交流，落实城乡环境合作示范项目，提高本地区人居环境质量；

（5）实施联合培训课程、联合研究、人员交流研究生奖学金项目，提升区域环境管理能力与水平；

（6）开展协同效应领域合作，如大气和水质管理和健康等方面的研究、能力建设及经验分享；

（7）适时建立中国-东盟环境部长会议机制。

6. 制定和实施行动计划是落实中国和东盟领导人倡议与要求，中国和东盟都认识到，加强双方在环境保护领域的合作，包括促进生物多样性保护、应对和适应气候变化等，对促进东亚地区实施千年发展目标和广大农村地区人民的脱贫具有现实意义，有利于推动本地区经济发展和转型，走向可持续发展，对于探索“南南”区域环境合作新模式具有积极意义。

7. 为推动实施中国-东盟环保合作战略，落实中国和东盟领导人要求，遵循支持东盟发挥主导作用的原则，中国与东盟依据双方的兴趣与需求，共同制定《中国-东盟环境合作行动计划（2011—2013）》，为期 3 年的第一份行动计划将为中国与东盟的长期和持续的环境合作打好基础。

8. 中国-东盟环境合作行动计划具有综合性、可实施性、开放性和灵活性，是一个分步实施的一揽子行动计划。中国和东盟欢迎感兴趣的国家政府、国际组织和地区机构作为项目的合作伙伴，为行动计划的实施提供支持。

二、行动计划

1. 建立环境合作与政策对话平台

1.1. 组织召开中国-东盟环境部长级会议

1.1.1 中国-东盟环境部长级会议是中国-东盟环境合作的高层对话机制，由中国和东盟各国环境部长、东盟秘书长和东盟秘书处其他高级官员组成。

1.1.2 中国-东盟环境部长级会议的主要任务包括：对中国-东盟环境合作提供战略指导；就环境合作的重大议题交流看法；就共同关心的全球和区域环境问题开展政策对话；听取中国-东盟环境合作进展报告等。

1.1.3 适时召开中国-东盟环境部长级会议，中国-东盟环境部长级会议可根据需要每 2～3 年举办一次。

1.2 举办中国-东盟环境合作论坛

1.2.1 中国-东盟环境合作论坛是一个开展对话、促进交流、推动务实合作的开放平台，将围绕中国-东盟环境合作具体领域，邀请中国和东盟成员国、其他国家以及国际机构、非政府组织、企业界、科研机构等的决策者、企业家、专家学者等参加，开展政策交流、技术展示和合作商谈。

1.2.2 合作论坛原则上每年举办一次，根据需要，选择不同主题，搭建合作平台。

1.2.3 首次中国-东盟环境合作论坛不迟于 2011 年底前在中国举办。

2. 启动中国-东盟绿色使者计划

2.1 中国-东盟绿色使者计划由温家宝总理倡议。该计划将围绕中国-东盟环境合作的优先领域和双方共同关注的环境话题，在中国和东盟国家选择和命名一批“绿色使者”。绿色使者来自学校、政府、研究机构、企业和各种环保社会团体等。

2.2 绿色使者计划目的是通过人员交流、联合培训、技术研讨等多种形式，提高决策者和公众环境意识，改善中国和东盟环境保护能力建设。该计划将重点针对青年一代开展活动。

2.3 绿色使者计划的第一阶段（2011—2013 年）活动将包括：

• 绿色使者计划启动仪式

• 能力建设培训项目

• 提高公众环境意识项目

2.4 绿色使者计划启动仪式

2.4.1 绿色使者计划启动仪式活动将正式发布中国-东盟绿色使者计划，邀请中国和东盟青年绿色使者代表参加。

2.4.2 绿色使者计划启动活动不迟于 2011 年底在中国举办。

2.5 中国-东盟能力建设培训项目

2.5.1 为加强环境保护能力建设，中国将为东盟各成员国培训人员，邀请参加培训对象主要是东盟国家的环境官员和技术专家。

2.5.2 培训活动的资金使用将优先考虑东盟成员国中最不发达成员。

2.5.3 培训活动的主题将包括但不限于：国家环境政策与法规、环境影响评价技术与实践、环境执法、城市和农村环境管理实践、环境与扶贫、环境监测技术、污染治理技术等。

2.5.4 培训活动自 2011 年开始实施，原则上每年两期，3 年培训人员 100 人左右。

2.6 提高公众环境意识项目

2.6.1 不迟于 2012 年，建立中国-东盟绿色使者计划网站，组织中国青年环境友好使者代表与东盟青年进行相关交流活动，并以此为契机，搭建中国-东盟青年绿色使者交流和沟通平台。

2.6.2 制作不同形式的中国-东盟公众环境意识宣传材料，广为散发。

3. 推进环保产业与技术交流

3.1 推动建立中国-东盟环保产业合作网络

3.1.1 环保产业合作网络将为中国-东盟环保产业合作搭建平台与桥梁，致力于中国和东盟环境友好型技术的交流、合作与推广。

3.1.2 产业合作网络将邀请中国和东盟工商界相关机构和企业牵头参加。

3.1.3 环保产业合作网络不迟于2012年完成启动并开展活动。

3.1.4 中国-东盟环保产业交流与合作将充分利用中国-东盟博览会的开放平台，吸引工商界的广泛参与。

3.2 推动研究和启动中国-东盟环境标志相互认证

3.2.1 中国和东盟将推动建立双方环境标志项目和产品（生态标志、环境友好、低碳产品等）的相互认证。

3.2.2 启动对环境标志产品相互认证的可行性研究，适时举办技术研讨会，2011年提出报告和方案。

3.3 开展适用环境技术示范项目

3.3.1 示范项目将争取企业支持，根据中国和东盟自身需求，在污染治理、节能和清洁生产、资源循环利用等领域，选择适用技术，进行小型示范，鼓励中国和东盟推广应用并促进技术转移。

3.3.2 示范项目不迟于2012年底前完成技术筛选、建立示范点，开展交流活动。

4. 建立和实施联合研究项目

4.1 联合研究与出版《中国-东盟环境展望报告》

4.1.1 项目将针对中国-东盟面临的全球和区域环境问题的共同挑战，通过对本地区环境与发展问题的研究，定期发布报告，为中国和东盟成员国的高层决策提供政策建议。

4.1.2 展望报告将邀请中国、东盟成员国及国际专家共同研究、编写并公开发布。

4.1.3 展望报告每2年或3年出版和更新一次，每期报告可选择共同关注的不同主题来开展研究。

4.1.4 项目将在2011年启动方案的设计和讨论，不迟于2013年发布第一份报告。

4.2 实施联合政策研究项目

4.2.1 联合政策研究项目将针对中国-东盟共同关心的全球和区域性环境问题，组织联合专家队伍，开展政策研究，提出政策报告。

4.2.2 政策研究项目成果将反映中国和东盟对涉及本地区的重大环境问题的共同关切和建议，向决策者和社会公众发布。

4.2.3 联合政策研究的领域包括但不限于：生物多样性保护；适应全球气候变化；贸易、投资与环境；大气污染控制的协同效应、可持续消费；国际环境公约履约合作等。

4.2.4 中国和东盟鼓励专家学者通过实施联合研究项目建立网络，加强沟通与交流。

4.2.5 中国和东盟将重点关注东南亚的生物多样性保护。中国-东盟环保合作中心和东盟生物多样性中心将共同开发和实施联合研究与交流等项目，不迟于2012年启动实施。

三、组织实施安排

1. 组织实施

1.1 中国和东盟成员国环境主管部门将负责批准中国-东盟环境合作行动计划，并为行动计划的实施提供指导和支持。双方将设立或指定中国-东盟环境合作国家联络点。

1.2 中国和东盟建立行动计划联合执行秘书处。中国-东盟环保合作中心和东盟秘书处环境事务办公室承担联合执行秘书处的日常工作。

1.3 中国-东盟环保合作中心是行动计划的中方协调与牵头实施机构；东盟秘书处环境事务办公室就行动计划的实施协调东盟方面的有关工作；在联合执行秘书处中双方各自的具体工作职能由双方商定。

1.4 中国和东盟分别指定行动计划联合执行秘书处的联合主任。

1.5 中国和东盟成员鼓励各自国家的地方政府、工商界和民间环保组织加入和支持行动计划有关具体项目的实施。

2. 资金支持

2.1 实施中国-东盟环境合作行动计划的资金来源主要包括但不限于：

- 中国-东盟合作基金；
- 国际合作伙伴捐助资金；
- 中国政府支持资金；
- 东盟有关国家政府支持资金；
- 公私合作伙伴捐助资金。

ASEAN-CHINA ENVIRONMENTAL COOPERATION PLAN （2011-2013）

To Implement the China-ASEAN Strategy on Environmental Protection Cooperation 2009-2015

I. Background

1. ASEAN Member States（AMS） and China pay great attention to the environmental protection，one of the priority areas under the ASEAN-China cooperation framework. In November 2007，the Chinese Premier Wen Jiabao stated that China was prepared to set up a China-ASEAN environmental cooperation center. He proposed that China and ASEAN to jointly develop an ASEAN-China strategy on environmental cooperation and promote related cooperation. The Cha-am Hua Hin Declaration on the Roadmap for an ASEAN Community 2009-2015 adopted by the ASEAN leaders highlighted the concept of sustainable development，including environmental sustainability，economic growth and social development，and importance of pragmatically promoting regional environmental cooperation.

2. In October 2009，ASEAN and China jointly developed and adopted the "China-ASEAN Strategy on Environmental Protection Cooperation 2009-2015"，which provides the foundation for China and ASEAN to promote concrete cooperation on environment. Based on the ASEAN Community Blueprints and the current status of environmental cooperation between ASEAN and China，the strategy identified the following priority areas of cooperation：（i） public awareness and environmental education，（ii） the promotion of environmentally sound technology，（iii） environmental labelling and cleaner production，（iv） biodiversity conservation，（v） environmental management capacity building，（vi） global environmental issues，and （vii） promotion of environmental industries，and proposed to formulate action plan to further implement the Strategy.

3. With the approval of the Chinese Government，the Ministry of Environmental

Protection of China（MEP） launched the China-ASEAN Environmental Cooperation Center（CAEC） in March 2010，aiming to implement the Strategy and promote environmental cooperation between ASEAN and China.

4. In October 2010 in Vietnam，at the 13th ASEAN-China Summit，the Chinese Premier Wen Jiabao stated that "the two sides should，in keeping with the ASEAN-China Strategy on Environmental Cooperation，work out an action plan at an early date，give full play to the role of the China-ASEAN Environmental Cooperation Centre，explore the possibility of launching the ASEAN-China Green Envoys Program，and take solid steps to push forward our exchanges and cooperation in circular economy，green economy，energy conservation and environmental protection." The Summit adopted the ASEAN-China Leaders' Joint Statement on Sustainable Development，in which the Leaders affirmed to "support the role of the China-ASEAN Environmental Cooperation Centre，actively implement the China-ASEAN Environmental Protection Cooperation Strategy 2009-2015，in particular，cooperation in such fields as biodiversity and ecological conservation through engagement with the ASEAN Centre for Biodiversity，cleaner production，environmental education and awareness."

5. The 13th ASEAN-China Summit also adopted the "Plan of Action to Implement the Joint Declaration on ASEAN-China Strategic Partnership for Peace and Prosperity 2011-2015"，which indicated that the two sides will take the following joint actions and measures in the field of environmental cooperation：

Implement the "ASEAN-China Strategy on Environmental Protection Cooperation 2009-2015" and jointly develop the ASEAN-China Environmental Cooperation Action Plan at an appropriate time；

Support the work of the China-ASEAN Environmental Cooperation Centre to promote environmental cooperation as outlined in the ASEAN-China Strategy on Environmental Protection Cooperation 2009-2015；

Strengthen exchange and cooperation on environmentally sound industry，including cooperation on environmentally sound technologies，environmental labelling and cleaner production，to support ASEAN and China's endeavour in pursuing green and environmentally sustainable development；

Strengthen dialogue and exchanges in urban and rural environmental protection and implement demonstration projects on cooperation in urban and rural environment to improve living environmental quality in the region；

Carry out joint-training courses，joint researches，staff exchange programs and post-graduate scholarship programs to enhance capacity and raise the level of regional environmental management;

Carry out cooperation in co-beneficial areas such as study/research, capacity building and experience sharing in the field of air and water quality management, and health protection;

Establish the ASEAN-China Environmental Ministerial Meeting mechanism at an appropriate time.

6. Formulating an action plan and undertaking concrete cooperation would facilitate the implementation of the China and ASEAN Leaders' initiative. Both ASEAN and China recognized that strengthening cooperation between two sides in the areas such as the promotion of biodiversity conservation, responding and adapting to climate change, etc., will not only contribute to the achievement of the UN Millennium Development Goals in East Asia including the poverty reduction in rural areas, but also help countries in the region change development pattern and pursue towards a green development. The cooperation is also conducive to exploring a new model of "South-South" regional environmental cooperation.

7. In order to promote the implementation of the China- ASEAN Strategy on Environmental Cooperation and the ASEAN and China Leaders' initiatives, ASEAN and China herewith jointly formulate the "ASEAN-China Environmental Cooperation Action Plan 2011-2013", based on the principle of supporting ASEAN's leading role in the cooperation, out of common interest and needs. As the first 3-year initiatives, the action plan will lay the foundation for long-term continuous cooperation on environment between two sides.

8. China-ASEAN Environmental Cooperation Action Plan is an integral, operational, open, flexible and phased approach plan of actions. ASEAN and China welcome the interested governments, international organizations and regional institutions to join the efforts as cooperation partners and support the implementation of the Action Plan.

II. Plan of Actions

1. High Level Policy Dialogue on Environmental Cooperation

1.1 Organize ASEAN-China Environment Ministerial Meeting

1.1.1 ASEAN-China Environment Ministers Meeting（EMM） is a high-level dialogue mechanism for ASEAN-China environmental cooperation，which will be attended by ministers from ASEAN Member States（AMS），China，the Secretary-General of ASEAN and their senior officials.

1.1.2 The ASEAN-China EMM mandates include：providing strategic guidance for ASEAN-China environmental cooperation，exchanging views on major issues of environmental cooperation，conducting policy dialogue on global and regional environmental issues of common concern，reviewing progress of ASEAN-China environmental cooperation，etc.

1.1.3 Organize the first ASEAN-China EMM at an appropriate time. ASEAN-China EMM will be held once every 2 to 3 years as necessary.

1.2 Establish ASEAN-China Environmental Cooperation Forum

1.2.1 ASEAN-China Environmental Cooperation Forum is to serve as an open platform for conducting dialogue，facilitating exchanges and promoting practical cooperation. With a focus on the specific areas of ASEAN-China environmental cooperation，the forum will invite policy makers both from national and local level，business executives，experts and scholars from China，AMS，Non-AMS and international institutions，non-governmental organizations，to participate in dialogue and to exchange and develop the further cooperation.

1.2.2 In principle，The Forum will be organized annually，with different themes which should be selected from the predominant issues of the year.

1.2.3 Th e first Forum will be convened in China no later than the end of 2011.

2. Develop and Launch the ASEAN-China Green Envoys Program

2.1 ASEAN-China Green Envoys Program（GEP） was designed to enhance the awareness of decision makers and the public on environmental protection through various forms of activities，such as personnel exchanges，joint trainings and seminars. The program is expected to improve the capacity of China and AMS for environmental protection. The program will take the young generation as particularly important target groups.

2.2. GEP will focus on the priority areas of ASEAN-China environmental cooperation and environmental issues of common concern for China and AMS. A group of “Green Envoys”will be selected and appointed，from schools，governments，research institutions，enterprises and various environmental civil societies，etc.

2.3 The activities for the first stage of the ASEAN-China Green Envoys Program（2011-2013） include：

Developing and launching the Green Envoys Program

ASEAN-China Capacity Building and Training Program

Public Awareness on Environmental Protection Programme

2.4 Launch the Green Envoys Programme

2.4.1 GEP will be officially launched by a ceremony activity attended by the Young Green Envoys from China and AMS.

2.4.2 The launching ceremony of GEP will be held in China no later than the end of 2011.

2.5 ASEAN-China Capacity Building and Training Programme

2.5.1 The training programmes will be implemented with support from China for environmental officials，technicians and professionals from AMS，in order to enhance capacity building on environmental management.

2.5.2 Funding opportunities of training activities will give priority to the least developed AMS.

2.5.3 The topics of the training activities will include but not limited to national environmental policies and regulations，techniques and practices of environmental impact assessment，environmental law enforcement，urban and rural environmental management，biodiversity conservation，protection environment and poverty alleviation，environmental monitoring and pollution control technology， etc.

2.5.4 The training activities will start from 2011， in principle twice every year，totalling around 100 people participating in the training activities during three-year period between 2011 and 2013.

2.6 Public Environmental Awareness Programme

2.6.1 An ASEAN-China Green Envoys Programme website will be established no later than 2012， to set up a platform for information exchange and communications.

2.6.2 Develop and distribute publications and materials of various forms for increasing the public awareness on environmental issues in AMS and China.

3. Cooperation on Environmental Industry & Technology

3.1 Promote the Establishment of ASEAN-China Environmental Industry

Cooperation Network

3.1.1 The environmental industry cooperation network will play as a bridge and a platform for environmentally sound technology cooperation among AMS and China.

3.1.2 The environmental industry cooperation network is open to all relevant institutions and enterprises from AMS and China.

3.1.3 The network will be launched no later than 2012.

3.1.4 The environmental industry cooperation and communication between ASEAN and China will fully take advantage of the annual ASEAN-China Guangxi Expo to bring together as much as possible the business community.

3.2 Conduct Feasibility Study and Promote Mutual Recognition of Environmental Labelling

3.2.1 ASEAN and China will boost the cooperation on mutual certification of environmental labelling schemes/products（ecolabelling， environmentally-friendly products and low-carbon products）.

3.2.2 ASEAN and China will conduct feasibility studies of the mutual certification of environmental labelling schemes/products and organize technical workshops at appropriate time. Relevant work plan and report should be presented through 2011-2012.

3.3 Develop Environmentally Sound Technology Pilot Projects

3.3.1 ASEAN and China will seek support from business community，taking into consideration the specific needs in AMS and China，especially in less developed areas，identify bestapplicable technologies in the areas of pollution treatment，energy saving，cleaner production and resource recycling，and develop small scale pilot projects.

3.3.2 The selection of technology，companies to be involved and the launch of activities should be conducted no later than the end of 2012.

4. Joint Research Projects

4.1 Develop and Publish the Report on ASEAN-China Environment Outlook

4.1.1 Aiming at the common challenges，global and regional environmental issues facing ASEAN and China，through studies on environment and development related issues，the joint study project on ASEAN-China Environment Outlook（ACEO） will periodically come up with report which provides policy advices to ASEAN and China.

4.1.2 Experts from AMS，China and other countries will be invited to the joint studies and development of the report.

4.1.3 The report will be renewed every 2 or 3 years. The studies will focus on different identified topics for each edition.

4.1.4 The work plan and relevant discussions of the project should be started in 2011，and the first report will be developed and published no later than 2013 both in English and Chinese.

4.2 Develop and Conduct Joint Policy Studies

4.2.1 The policy studies with a focus on global and regional environmental issues of common concern that ASEAN and China share will be conducted by invited expert team, the joint policy study reports will be released. The report should be accessed by the public and policy makers.

4.2.2 The areas of joint policy study might include，but are not limited to：climate change adaptation，biodiversity，trade，investment & environment，co-benefit and co-action of air pollution control，sustainable consumption，implementation of international environmental conventions and agreements，etc.

4.2.3 ASEAN and China will encourage experts and scholars to build up network via implementing joint study projects，and strengthen communication and exchange.

4.2.4 Special attention will paid to the area of biodiversity conservation in Southeast Asia. China-ASEAN Environmental Cooperation Center in Beijing and ASEAN Centre on Biodiversity（ACB） in Manila should jointly develop and implement the projects including joint studies and dialogues no later than 2012.

Ⅲ. Implementation of the Action Plan

1. Institutional Arrangement

1.1 The Action Plan will be approved by the ASEAN and China Environmental Authorities，which will provide support and guidance for the implementation of the Action Plan. Each government will designate official National Focal Point（NFP） for the ASEAN-China environmental cooperation.

1.2 ASEAN and China will set up a Joint Implementation Secretariat（JISE）. The China-ASEAN Environmental Cooperation Center（CAEC） and the Environment Division（ED） of the ASEAN Secretariat are responsible for the JIS operation.

1.3 CAEC will play the role on coordination and implementation of the Action Plan on Chinese side，while ASEAN Secretariat ED does the same on ASEAN side. The terms of reference（TOR） specifically for CAEC and ED will be developed by two sides through consultations.

1.4 The JISE Co-directors will be appointed by ASEAN and China respectively.

1.5 Both ASEAN and China encourage their local governments，enterprises and civil society to join and support the implementation of the Action Plan.

2. Funding Support

2.1 Major funding resources to support the implementation of the Action Plan include but are not limited to：

ASEAN-China Cooperation Fund；

Funding support from international partners；

Funding from Chinese government；

Support from governments of ASEAN countries；

Funding support by Public-private partnership.

附录三

中国-东盟环保合作论坛
会议议程

2011 年 10 月 22 日　　荔园山庄国际会议中心二楼大会议厅

<table>
<tr><td colspan="4">10 月 22 日　星期六</td></tr>
<tr><td>08：00-09：00</td><td colspan="3">会议注册</td></tr>
<tr><td rowspan="7">09：00-10：30</td><td colspan="3">第一单元　开幕时段及主旨演讲</td></tr>
<tr><td>主　　持</td><td>徐庆华</td><td>环境保护部国际合作司司长</td></tr>
<tr><td rowspan="5">开幕致辞及主旨发言</td><td>李干杰</td><td>中国环境保护部副部长</td></tr>
<tr><td>林念修</td><td>广西壮族自治区人民政府副主席</td></tr>
<tr><td>米斯然·卡尔梅</td><td>东盟副秘书长</td></tr>
<tr><td>宾度·洛哈尼</td><td>亚洲开发银行副行长</td></tr>
<tr><td>加里·特塞拉</td><td>马来西亚自然资源与环境部副秘书长</td></tr>
<tr><td rowspan="3">10：30-10：50</td><td colspan="3">中国-东盟绿色使者计划启动仪式</td></tr>
<tr><td>主　　持</td><td>唐丁丁</td><td>中国-东盟环境保护合作中心主任</td></tr>
<tr><td colspan="3">（李干杰、林念修、李彬、卡尔梅、洛哈尼及东盟各国代表团团长共同启动计划）</td></tr>
<tr><td>10：50-11：10</td><td colspan="3">茶歇</td></tr>
<tr><td rowspan="8">11：10-12：30</td><td colspan="3">第二单元　创新与绿色发展的国家政策</td></tr>
<tr><td>主　　持</td><td>唐丁丁</td><td>中国-东盟环境保护合作中心主任</td></tr>
<tr><td rowspan="2">特邀发言</td><td>朴英雨</td><td>联合国环境规划署亚太办公室主任</td></tr>
<tr><td>夏　光</td><td>环境保护部环境与经济政策研究中心主任</td></tr>
<tr><td rowspan="4">嘉宾发言</td><td>楚普·司武塔</td><td>柬埔寨环境部环境影响评价司官员</td></tr>
<tr><td>沙巴·景庭</td><td>印度尼西亚环境部副处长</td></tr>
<tr><td>李国安</td><td>新加坡环境和水资源部副处长</td></tr>
<tr><td>黄丹颂</td><td>越南环境管理局国际合作与技术司处长</td></tr>
<tr><td>12：30-13：30</td><td colspan="3">自助午餐</td></tr>
</table>

14：00-15：00	第二单元　创新与绿色发展的国家政策		
	单元讨论		
	特邀引导发言	刘鸿鹏	联合国亚太经社理事会能源环境司处长
		科邦・科拉	老挝自然资源和环境部司长
		南利・拉赫曼	马来西亚自然资源和环境部副处长
		莱貌登	缅甸环境保护与林业部处长
		冈萨雷斯・吉伯特	菲律宾自然资源与环境部副处长
		哈扎赞尼彬提・哈吉诺克汉	文莱发展部环境司代理处长
	自由发言讨论		
15：00-16：00	第三单元　绿色创新与产业合作		
	主　　持	逢龙友	马来西亚 Tenaga 大学副教授
	特邀发言	林浩光	壳牌（中国）集团主席
		樊元生	中国环境保护产业协会副会长
	嘉宾发言	石文怀	南宁市政府副市长
		斯迪克・达鲁苏利斯托	印度尼西亚 PT. Holcim Tbk 公司总经理
		马扎尔・穆罕默德	马来西亚 MM Vitaoils Sdn Bhd 公司高级经理
		董旭辉	柳州市政府副市长
		魏　娓	北京桑德环保集团国际部总经理
		农立夫	广西社会科学院东南亚研究所常务副所长、副研究员
16：00-16：20	茶歇		
16：20-17：00	单元讨论		
	特邀引导发言	杜丹德	美国环保协会副总裁
	嘉宾评论发言	官国田	新加坡圣诺哥能源私营有限公司总经理（负责环境和质量）
		林中庸	EPSON（中国）有限公司副总经理
	自由发言讨论		

17：00-17：30	第四单元　闭幕时段		
	主　　持	林念修	广西壮族自治区人民政府副主席
	闭幕致辞	米斯然・卡尔梅	东盟副秘书长
		李干杰	环境保护部副部长
18：00-20：00	招待晚宴		
	主　　持	檀庆瑞	广西壮族自治区人民政府副秘书长
		林念修	广西壮族自治区人民政府副主席

10 月 23 日 星期日
参观第八届中国-东盟博览会

附：

第八届中国-东盟博览会相关活动安排

2011年10月21日

<table>
<tr><th colspan="3">10月21日 星期五</th></tr>
<tr><td rowspan="3">上午</td><td>中国-东盟博览会开幕式</td><td>南宁国际会展中心</td></tr>
<tr><td colspan="2">国内副部级以上领导</td></tr>
<tr><td colspan="2">东盟10国环境部部（副）级官员/代表团团长</td></tr>
<tr><td rowspan="2">中午</td><td>国宴</td><td>荔园山庄</td></tr>
<tr><td colspan="2">国内外副部级以上领导</td></tr>
<tr><td rowspan="2">晚上</td><td>民歌节</td><td>广西体育中心</td></tr>
<tr><td colspan="2">全体论坛代表</td></tr>
</table>

ASEAN-China Environmental Cooperation Forum 2011

"Innovation for Green Development"

October 22，2011

Liyuan Resort，Nanning，Guangxi Zhuang Autonomous Region，China

Program

Saturday，22 October 2011		
08：00-09：00	**Registration**	
09：00-10：30	**Session I：Opening & Keynote Speeches**	
	Moderator：Mr. Xu Qinghua，Director General，Department of International Cooperation，MEP，China	
	Opening Remarks：	
	H. E. Mr. Li Ganjie	Vice-Minister，Ministry of Environmental Protection of China
	H. E. Mr. Lin Nianxiu	Vice-Governor，Guangxi Zhuang Autonomous Region，China
	H.E. Dato Misran Bin Karmain	Deputy Secretary-General of ASEAN
	Dr. Bindu N. Lohani	Vice President，Asian Development Bank
	Dr. Gary William Theseira	Deputy Under Secretary，Ministry of Natural Resources and Environment，Malaysia

10：30-10：50	**Launching Ceremony of "ASEAN-China Green Envoy Programme"**	
	Moderator：Mr. Tang Dingding，Director General，China-ASEAN Environmental Cooperation Center	
	H. E. Mr. Li Ganjie，H. E. Mr. Lin Nianxiu，Mr. Li Bin，H.E. Dato' Misran Bin Karmain，Dr. Bindu N. Lohani，Heads of AMS delegations jointly process the launch of the ASEAN-China Green Envoy Programme	
10：50-11：10	**Coffee/Tea break**	

11：10-12：30	**Session II：Policy Dialogue - Promoting Regional Green Development**	
	Moderator：Mr. Tang Dingding，Director General，China-ASEAN Environmental Cooperation Center	
	Special Remarks：	
	Mr. Young-Woo Park	Regional Director and Representative，UNEP Regional Office for Asia and the Pacific
	Mr. Xia Guang	Director General，Policy Research Center for Environment and Economy，MEP，China

	Speakers：	
	Mr. Choup Sivutha	Department of Environmental Impact Assessment，Ministry of Environment，Cambodia
	Mr. Sabar Ginting	Assistant Deputy for Impact Control of Manufacture，Infrastructure and Services，Ministry of Environment，Indonesia
	Mr. Lee Kok Onn	Assistant Director，Ministry of the Environment and Water Resources，Singapore
	Dr. Hoang Danh Son	Director，Department of International Cooperation & Science Technology，Vietnam Environment Administration，Vietnam
12：30-13：30	**Lunch Buffet**	

14：00-15：00	**Session II：Policy Dialogue - Promoting Regional Green Development（Cont'）**	
	Discussions	
	Leading Remarks：	
	Mr. Hongpeng Liu	Chief，Energy Security and Water Resources Section，Environment and Development Division，UNESCAP
	Discussants：	
	Mme. Keola Keobang A	Director General of GMS National Secretariat，Ministry of Natural Resources and Environment，Lao PDR
	Mr. Ramli Bin Abd Rahman	Principal Assistant Director，Department of Environment Malaysia
	Mr. Hla Maung Thein	Director，Ministry of Environmental Conservation and Forestry，Myanmar
	Mr. Gonzales Galaycay Gilbert	Assistant Director，Department of Environment and Natural Resources，Philippines
	Mrs. Hajah Zaiaini binti Haji Noorkhan	Acting Director，Department of Environment，Parks & Recreation，Ministry of Development，Brunei
	Questions & Comments	

15：00-16：00	**SessionⅢ：Green Innovation & Industrial Cooperation**	
	Moderator：Dr. Leong Yow Peng，Associate Professor，Universiti Tenaga，Malaysia	
	Special Remarks：	
	Dato Sri Lim Haw Kuang	Executive Chairman，Shell（China） Limited
	Mr. Fan Yuansheng	Vice Chairman，China Environmental Industry Association
	Speakers：	
	Mr. Shi Wenhuai	Vice Mayor of Nanning，Guangxi
	Mr. Sidik Darusulistyo	General manager PT. Holcim Tbk，Indonesia

	Mr. Mazhar Muhammad	Senior Production Manager，MM Vitaoils Sdn Bhd，Malaysia
	Mr. Dong Xuhui	Vice Mayor of Liuzhou，Guangxi
	Ms. Wei Wei	General Manager，International Division，Sound Global LTD
	Mr. Nong Lifu	Deputy Director，Southeast Asia Research Institute，Guangxi Social Science Academy
16：00-16：20	**Coffee/Tea break**	
16：20-17：00	**Discussions**	
	Leading Remarks：	
	Mr. Daniel J.Dudek	Vice President，Environmental Defense Fund
	Discussants：	
	Mr. Kwong Kok Chan	General Manager（Environment & Quality），Senoko Energy Pte Ltd，Singapore
	Mr. Lin Zhongyong	Deputy General Manager，Epson（China） Co.，Ltd
	Questions & Comments	

17：00-17：30	**Session Ⅳ：Closing**	
	Moderator：H. E. Mr. Lin Nianxiu，Vice-Governor，Guangxi Zhuang Autonomous Region，China	
	Speakers：	
	H.E. Dato Misran Bin Karmain	Deputy Secretary-General of ASEAN
	H. E. Mr. Li Ganjie	Vice-Minister，Ministry of Environmental Protection，China
18：00-20：00	**Reception**	
	Moderator：Mr. Tan Qingrui，Deputy Secretary General，Government of Guangxi Zhuang Autonomous Region，China	
	Remarks：	
	H. E. Mr. Lin Nianxiu	Vice-Governor，Guangxi Zhuang Autonomous Region，China

Sunday，23 October 2011

Visit to the 8th China-ASEAN Expo

Attachment：

Relevant Activities for the 8th ASEAN-China Expo

October 21，2011

Tentative Program

Friday，21 October 2011		
Morning	**Opening Ceremony of the 8th ASEAN-China Expo**	Venue：International Exhibition and Convention Center，Nanning
	Ministerial officials，Heads of delegations from ASEAN Member States.	
Noon	**State Banquet**	Venue：Liyuan Resort
	Ministerial officials	
Evening	**Guangxi International Folk Song Festival**	Venue：Guangxi Sports Center
	All participants of the Forum will be invited to attend the Guangxi International Folk Song Festival	

附录四

中国-东盟环境合作论坛
参会人员名单

序号	姓　名	机构和职务
		一、环境保护部
1	李干杰	中国环境保护部副部长
2	徐庆华	环境保护部国际合作司司长
3	唐丁丁	中国-东盟环境保护合作中心主任
4	宋小智	环境保护部国际合作司副司长
5	岳瑞生	环境保护部对外合作中心党委书记兼副主任
6	何家振	环境保护部宣教中心副主任
7	岳建华	环境保护部华南环科所所长
8	徐海根	环境保护部南京环科所副所长兼研究员
9	任官平	中国环境科学学会秘书长
10	孙雪峰	环境保护部国际合作司处长
11	胡　璇	环境保护部办公厅
12	王　新	环境保护部对外合作中心处长
13	苏　凡	中国环保产业协会国际部主任
14	刘晓文	环境保护部华南环科所办公室主任
15	崔丹丹	环境保护部国际合作司副处长
16	王亚男	环境保护部环境影响评价研究中心主任
17	张小丹	环境保护部环境认证中心副主任
18	张雨田	环境保护部中国环境科学研究院研究员
19	林帆远	环境保护部国际合作司官员
20	李　博	环境保护部国际合作司官员
		二、广西壮族自治区
21	林念修	广西壮族自治区人民政府副主席
22	李　彬	广西壮族自治区政协副主席
23	檀庆瑞	广西壮族自治区人民政府副秘书长
24	梁　斌	广西壮族自治区环境保护厅厅长
25	张创智	广西壮族自治区海洋局局长
26	潘文峰	广西壮族自治区发改委副主任
27	李万富	广西壮族自治区工信委副主任

序号	姓　名	机构和职务
28	张文军	广西壮族自治区国土厅副厅长
29	刘中奇	广西壮族自治区林业厅副厅长
30	蔡德所	广西壮族自治区水利厅副厅长
31	杨绿峰	广西壮族自治区住建厅总工程师
32	石文怀	南宁市政府副市长
33	董旭辉	柳州市政府副市长
34	黄建宁	南宁市环境保护局局长
35	甘景林	柳州市环境保护局局长
36	张海涛	北海市环境保护区局长
37	吴福安	梧州市环境保护区局长
38	吴海悫	河池市环境保护局局长
39	玉　德	来宾市环境保护局局长
40	黄高林	玉林市环境保护局局长
41	苏业清	广西贺州市环境保护局局长
42	韦家杰	崇左市环保局局长
43	胡景文	百色市环境保护局纪检组长
44	郑里华	防城港市环境保护局副局长
45	梁　幸	钦州市环境保护局副局长
46	舒忠常	桂林市环境保护局副局长
47	吴光辉	贵港市环保局副局长
三、有关部门和地方环保机构		
48	蒋季青	商务部国际司处长
49	王　烨	中国可持续发展工商理事会经理
50	黄敦奇	中国可持续发展工商理事会项目部助理
51	张海滨	北京大学国际组织研究中心主任、教授
52	王　勤	厦门大学东南亚研究中心主任
53	庄　平	永清环保研究院院长有限责任公司副院长、首席科学家
54	陈　萍	上海环境工程设计研究院
55	王　漫	上海环境工程设计研究院
56	周小康	宜兴环保产业发展中心主任
57	毛东利	海南省国土环境资源厅副厅长
58	黄文沭	广东省环保厅副厅长
59	张振钿	广东省环保厅副巡视员
60	区岳州	广东环保产业协会会长
61	区　军	广东环保产业协会副秘书长
62	张炜文	广东环保产业协会工程师
63	杨春林	上海环保局国际合作处处长
64	赵喜梅	天津环保局国际合作处处长
四、企业界		
65	李建光	深圳市洁驰环保科技有限公司总裁

序号	姓　名	机构和职务
66	杜　江	深圳市洁驰环保科技有限公司总经理
67	李子宁	复兴碳投资有限公司副总裁
68	罗永泉	中海昊华环境工程有限公司董事长
69	郭　强	中海昊华环境工程有限公司副总经理
70	王金城	爱普生（中国）有限公司营业开发部部长
71	孙　怡	爱普生（中国）有限公司
72	胡翔宇	爱普生（中国）有限公司广州分公司
73	袁京亮	爱普生（中国）有限公司广州分公司
74	陈玛丽	壳牌（中国）集团
75	赵粤北	壳牌（中国）集团政府事务总经理
76	夏清怡	壳牌（中国）集团政府事务顾问
77	陈　寅	北京桑德环保集团国际事务部商务经理
78	张伟涛	北京桑德环保集团国际事务部商务经理
79	周立强	中信大锰矿业有限责任公司部门副总经理
80	傅静芬	广东省液化天然气有限公司高级顾问
81	黄小赟	广东省液化天然气有限公司协调专员
82	田树民	山东济南柴油机股份有限公司总经理
83	许传国	山东济柴绿色能源动力装备有限公司总经理
84	郭绍刚	山东济柴绿色能源动力装备有限公司销售总监
85	朱再君	广西净宇工程有限责任公司董事兼总经理
86	沈煜康	广西绿康环保有限公司总经理
87	胡全保	广西田园生化股份有限公司总监
88	潘远东	广西宇达水处理设备工程有限公司总裁
89	黎　明	广西粤邕物资回收再生能源有限公司总裁助理
90	罗浩夫	广西神州立方环保设施运营有限责任公司常务董事长
91	李　明	广西神州立方环保设施运营有限责任公司常务副总裁
92	叶凌宇	广西宇之恒环保工程有限公司董事长
93	邓　斌	广西建工集团第一安装有限公司总工程师
94	李建辉	广西绿洲热能设备有限公司国际合作工程总监
95	施　勤	广西惟邦环境科技有限公司总经理
96	严红兵	广西绿城水务股份有限公司副总经理
97	蓝贤州	广西贵糖（集团）股份有限公司总工程师
98	李　栩	广西科穗环境科技有限公司总经理
99	佘　丹	广西勤丰裕环境工程集团有限公司环保部主任
100	韦海建	广西华泰同益环保科技有限公司董事长
101	凌耀嘉	广西东亚纸业有限公司生产总经理
102	凌一津	广西东门南华糖业有限公司总经理
103	陈　生	广西东门南华糖业有限公司生产副总经理
104	史旭中	广西泰德环保有限公司总经理
105	林何兰	广西泰德环保有限公司副总经理

序号	姓名	机构和职务
106	刘　强	广西置高投资发展有限公司董事、总经理
107	李　明	广西洁通科技有限公司董事长
108	吴　岚	广西洁通科技有限公司总经理
109	胡华林	广西洁通科技有限公司总工程师
110	秦小杰	广西洁通科技有限公司总工程师
111	江　滨	广西洁通科技有限公司总经理助理
112	王　传	广西洁通科技有限公司
113	刘　盈	广西洁通科技有限公司
114	笪雅平	南宁市江山多娇环保科技有限责任公司总经理
115	陈宗纲	北海碧蓝海洋环境服务公司主任
116	曾少凡	桂林天马水务环境有限公司总经理
117	潘云鸿	桂林市排水有限公司副主任
		五、发言嘉宾
118	宾度·罗哈尼	亚洲开发银行副行长
119	朴英雨	联合国环境规划署亚太办公室主任
120	林浩光	壳牌（中国）集团执行主席
121	夏　光	环境保护部政策研究中心主任
122	樊元生	中国环保产业协会副会长
123	丹尼尔·杜丹德	美国环保协会副主席
124	林中庸	爱普生（中国）有限公司副总经理
125	刘鸿鹏	联合国亚太经社理事会能源环境司处长
126	魏　娓	北京桑德环保集团国际部总经理
127	农立夫	广西社会科学院东南亚研究所常务副所长、副研究员
		六、东盟秘书处及成员国
128	米斯然·卡尔梅	东盟副秘书长
129	潘辰·马娜万蒂古	东盟秘书处贸易与投资高级官员
130	娜塔莉亚·德罗蒂达	东盟秘书处环境技术官员
131	马蒂亚·哈亚蒂	东盟秘书处环境技术官员
132	哈扎赞尼彬提·哈吉诺克汉	代表团团长，文莱发展部环境司代理处长
133	哈炎提·哈吉佩特拉	文莱发展部环境司环境官员
134	莫罕德金彬·阿旺沙列	文莱非营利性组织主任
135	尹金西恩	代表团团长，柬埔寨环境部国务秘书
136	索卡贡	柬埔寨环境部科技司副司长
137	尹山姆	柬埔寨环境部计划法务司处长
138	切佩奇·罗塔纳	柬埔寨戈公省环保局处长
139	楚普·司武塔	柬埔寨环境部环境影响评价司官员
140	沙巴·景庭	代表团团长，印度尼西亚环境部副处长
141	马哈纳尼·克里斯汀	印度尼西亚环境部部长助理办公室官员
142	斯迪克·达鲁苏利斯托	印度尼西亚 PT. Holcim Tbk 公司总经理
143	阿里亚提达	印度尼西亚 PT. Holcim Tbk 公司

序号	姓　名	机构和职务
144	科邦·科拉	代表团团长，老挝自然资源和环境部司长
145	桑那德·颂查伦	老挝自然资源与环境部 GMS 国家秘书处代理处长
146	威切特·塞得顿	老挝国际货运代理协会秘书
147	加里·特塞拉	代表团团长，马来西亚自然资源与环境部副秘书长
148	南利·拉赫曼	马来西亚自然资源与环境部环境司副处长
149	篷龙友	马来西亚 Tenaga 大学副教授
150	马扎尔·穆罕默德	马来西亚 MM Vitaoils Sdn Bhd 公司制造部高级经理
151	苗　温	代表团团长，缅甸环境保护与森林部副司长
152	莱貌登	缅甸环境保护与森林部处长
153	苗　纽	缅甸环境保护与森林部助理经理
154	苗　德	缅甸木材贸易协会秘书长
155	冈萨雷斯·吉伯特	代表团团长，菲律宾自然资源与环境部副处长
156	李国安	代表团团长，新加坡环境与水资源部助理处长
157	陈洛珊	新加坡环境与水资源部高级官员
158	官国田	新加坡圣诺哥能源私营有限公司总经理
159	黄丹颂	代表团团长，越南环境管理局国际合作与技术司处长
160	陈　丰	越南教育与环境交流中心主任
161	杜清翠	越南环境杂志社主编
162	阮忠清	越南自然资源与环境部环境科技公司副总经理
七、有关国际组织和国家		
163	保罗·海登斯	亚洲开发银行驻中国代表处首席代表
164	李　雪	亚洲开发银行驻中国代表处秘书
165	张文娟	联合国环境规划署中国办事处
166	那须·毅宽	日本国际协力机构驻中国事务所代表
167	呼斯乐	日本国际协力机构驻中国事务所所长助理
168	提莫斯·汉姆林	美国 STIMSON 公司南亚分部研究员
169	扎克·威利	美国环保协会经济学家
170	孙　芳	美国环保协会项目经理
八、工作人员名单		
171	辛志伟	中国-东盟环境保护合作中心副主任
172	郭　敬	中国-东盟环境保护合作中心副主任
173	周国梅	中国-东盟环境保护合作中心副主任
174	彭　宾	中国-东盟环境保护合作中心处长
175	贾　宁	中国-东盟环境保护合作中心副处长
176	国冬梅	中国-东盟环境保护合作中心副处长
177	李　霞	中国-东盟环境保护合作中心
178	王语懿	中国-东盟环境保护合作中心
179	杨镇钟	中国-东盟环境保护合作中心
180	毛立敏	中国-东盟环境保护合作中心
181	丁士能	中国-东盟环境保护合作中心

序号	姓　名	机构和职务
182	尚会君	中国-东盟环境保护合作中心
183	刘妍妮	中国-东盟环境保护合作中心
184	赵　旭	中国-东盟环境保护合作中心
185	钟　兵	广西壮族自治区环保厅副厅长
186	蹇兴超	广西壮族自治区环保厅总工程师
187	周平顺	广西壮族自治区环保厅办公室主任
188	李一平	广西壮族自治区环保厅人事处处长
189	曹伯翔	广西壮族自治区环保厅监测处处长
190	王岑生	广西壮族自治区环保厅调研员
191	钟善锦	广西壮族自治区环保厅总量处处长
192	韦杰宏	广西壮族自治区环保厅环评处处长
193	冯建华	广西壮族自治区环保厅生态处处长
194	余婉丽	广西壮族自治区环保厅科技标准处处长
195	黄鹏飞	广西壮族自治区环保厅调研员
196	周　东	广西壮族自治区环保厅
197	田　劲	广西壮族自治区环保厅
198	陈　薇	广西壮族自治区环保厅
199	龙月梅	广西壮族自治区环保厅
200	李新平	广西壮族自治区环保监察总队总队长
201	谭　良	广西壮族自治区环境保护科学研究院院长
202	郭建强	广西壮族自治区环境保护科学研究院副院长
203	李　群	广西壮族自治区环保宣教中心主任
204	邓超冰	广西壮族自治区环境监测中心站站长
205	杨名生	广西壮族自治区辐射环境监测站站长
206	巫　迪	广西壮族自治区辐射环境监测站
207	黄育聪	广西壮族自治区环保宣教中心
208	陈延军	对外经贸大学英语学院副教授（同传人员）
209	陈娜静	同传人员
210	胡　荣	同传人员
211	米建丰	北京乐光设备有限公司（同传设备工作人员）
212	韩　与	北京乐光设备有限公司（同传设备工作人员）
213	王啸峰	北京乐光设备有限公司（同传设备工作人员）

ASEAN-China Environmental Cooperation Forum 2011

"Innovation for Green Development"

List of Participants

No.	Name	Organization and Position
		I. ASEAN Secretariat and Member States
1	H. E. Dato' Misran Bin Karmain	Deputy Secretary-General of ASEAN
2	Ms. Penchan Manawanitkul	Senior Officer，ASEAN Secretariat
3	Ms. Natalia Derodofa	Technical Officer，Environment Division，ASEAN Secretariat
4	Ms. Mardiah Hayati	Technical Officer，Environment Division，ASEAN Secretariat
5	Mrs. Hajah Zaiaini binti Haji Noorkhan	Acting Director，Department of Environment，Parks & Recreation，Ministry of Development，Brunei
6	Ms. Dk Haryanti Pg Haji Petra	Environment Officer，Department of Environment，Parks & Recreation，Ministry of Development，Brunei
7	Mr. Mohamad Zin bin Awang Salleh	Director，NGO，Brunei
8	H.E Dr.YIN Kim Sean	Secretary of State，Ministry of Environment，Cambodia
9	Mr. Ngoun Kong	Deputy Director General for Technical Affairs，Ministry of Environment，Cambodia
10	Mr. Yin Samray	Director of Department of Planning and Legal Affairs，Ministry of Environment，Cambodia
11	Mr. Chey Pich Rathna	Director of Environmental Department of Koh Kong Province，Cambodia
12	Mr. Choup Sivutha	Officer of Department of Environmental Impact Assessment，Ministry of Environment，Cambodia
13	Mr. Sabar Ginting	Assistant Deputy for Impact Control of Manufacture，Infrastructure and Services，Ministry of Environment，Indonesia
14	Mrs. Mahanani Kristiningsih	Official for Assistant Minister for Global Environmental Affairs，Ministry of Environment，Indonesia
15	Mr. Sidik Darusulistyo	General Manager，PT Holcim Indonesia TBK
16	Ms. Diah Rina Ariyati	PT Holcim Indonesia TBK
17	Mme. Keobang A Keola	Director General of GMS National Secretariat，Ministry of Natural Resources and Environment，Lao PDR
18	Mr. Sounadeth Soukchaleun	Acting Director of ASEAN Environmental Cooperation，Ministry of Natural Resources and Environment，Lao PDR
19	Mr. Vichit Sadettan	Secretary，Lao Int'l Freight Forward's Association（LIFFA）

No.	Name	Organization and Position
20	Dr. Gary William Theseira	Deputy Under Secretary，Ministry of Natural Resources and Environment，Malaysia
21	Mr. Ramli Bin Abd Rahman	Principal Assistant Director，Department of Environment，Malaysia
22	Dr. Leong Yow Peng	Associatc Professor，Universiti Tenaga，Malaysia
23	Mr. Mazhar Bin Muhammad	Senior Production Manager，MM Vitaoils Sdn Bhd，Malaysia
24	Mr. Myo Win	Deputy Director General，Ministry of Environmental Conservation and Forestry，Myanmar
25	Mr. Hla Maung Thein	Director，Ministry of Environmental Conservation and Forestry，Myanmar
26	Mr. Myo Nyunt	Assistant Manager，Ministry of Environmental Conservation and Forestry，Myanmar
27	Dr. Myo Thet	General Secretary，Ministry of Environmental Conservation and Forestry，Myanmar
28	Mr. Gonzales Galaycay Gilbert	Assistant Director，Department of Environment and Natural Resources，Philippines
29	Mr. Lee Kok Onn	Assistant Director，Ministry of the Environment and Water Resources，Singapore
30	Ms. Tan Luo Shan Roxanne	Executive（Clean Air），Ministry of the Environment and Water Resources，Singapore
31	Mr. Kwong Kok Chan，	GM(Environment & Quality)，Senoko Energy Pte Ltd，Singapore
32	Dr. Hoang Danh Son	Director，Department of International Cooperation&Science Technology，Vietnam Environment Administration，Vietnam
33	Mr.Tran Phong	Director，Center of Education and Environmetal Communication，Vietnam
34	Mr. Do Thanh Thuy	Editor in Chief，Vietnam Environmental Magazine
35	Mr. Nguyen Trung Thanh	Deputy Director，Company Limited for Environmental Technology Contruction and Transfer，Ministry of Natural Resources and Environment，Vietnam
II. Ministry of Environmental Protection of China		
36	Li Ganjie	Vice Minister，Ministry of Environmental Protection of China
37	Xu Qinghua	Director General，Department of International Cooperation，MEP，China
38	Tang Dingding	Director General，China-ASEAN Environmental Cooperation Center，MEP，China
39	Song Xiaozhi	Deputy Director General，Department of International Cooperation，MEP，China
40	Yue Ruisheng	Deputy Director General，Foreign Economic Cooperation Office，MEP，China

No.	Name	Organization and Position
41	He Jiazhen	Deputy Director General，Center of Environmental Education and Communication，MEP，China
42	Yue Jianhua	Deputy Director General，South China Institute Of Environmental Sciences，MEP，China
43	Xu Haigen	Deputy Director General，Nanjing Institute of Environmental Sciences，MEP，China
44	Ren Guanping	Secretary-General，China Society of Environmental Sciences，MEP，China
45	Sun Xuefeng	Director，Department of International Cooperation，MEP
46	Hu Xuan	General Office，MEP，China
47	Wang Xin	Division Director，Foreign Economic Cooperation Office，MEP，China
48	Su Fan	Director，International Department，China Association of Environmental Protection Industry，MEP，China
49	Liu Xiaowen	Director，General Office，South China Institute Of Environmental Sciences，MEP，China
50	Cui Dandan	Deputy Director，Department of International Cooperation，MEP，China
51	Wang Yanan	Director General，Environmental Impact Assessment Research Center，MEP，China
52	Zhang Xiaodan	Deputy Director General，Environment Certification Center，MEP，China
53	Zhang Yutian	Researcher，Chinese Research Academy of Environmental Sciences，MEP，China
54	Lin Fanyuan	Officer，Department of International Cooperation，MEP，China
55	Li Bo	Officer，Department of International Cooperation，MEP，China
III. Guangxi Zhuang Autonomous Region of China		
56	Lin Nianxiu	Vice Governor，Guangxi Zhuang Autonomous Region，China
57	Li Bin	Vice Chairman of CPPCC Guangxi Provincial Committee
58	Tan Qingrui	Deputy Secretary General，Guangxi Zhuang Autonomous Region，China
59	Liang Bin	Director General，Department of Environmental Protection of Guangxi，China
60	Zhang Chuangzhi	Director-General，Guangxi Oceanic Administration，China
61	Pan Wenfeng	Deputy Director General，Development and Reform Commission of Guangxi，China
62	Li Wanfu	Deputy Director General，Industry and Information Technology Commission of Guangxi，China
63	Zhang Wenjun	Deputy Director General，Department of Land and Resources of Guangxi，China

No.	Name	Organization and Position
64	Liu Zhongqi	Deputy Director General，Department of Forestry of Guangxi，China
65	Cai Desuo	Deputy Director General，Department of Water Resources of Guangxi，China
66	Yang Lüfeng	Chief Engineer，Department of Housing and Urban-Rural Development of Guangxi，China
67	Shi Wenhuai	Vice Mayor of Nanning，Guangxi，China
68	Dong Xuhui	Vice Mayor of Liuzhou，Guangxi，China
69	Huang Jianning	Director，Environmental Protection Bureau of Nanning，Guangxi，China
70	Gan Jinglin	Director，Environmental Protection Bureau of Liuzhou，Guangxi，China
71	Zhang Haitao	Director，Environmental Protection Bureau of Beihai，Guangxi，China
72	Wu Fuan	Director，Environmental Protection Bureau of Wuzhou，Guangxi，China
73	Wu Haique	Director，Environmental Protection Bureau of Hechi，Guangxi，China
74	Yu De	Director，Environmental Protection Bureau of Laibin，Guangxi，China
75	Huang Gaolin	Director，Environmental Protection Bureau of Yulin，Guangxi，China
76	Su Yeqing	Director，Environmental Protection Bureau of Hezhou，Guangxi，China
77	Wei Jiajie	Director，Environmental Protection Bureau of Chongzuo，Guangxi，China
78	Hu Jingwen	Head of Disciplinary Inspection，Environmental Protection Bureau of Baise，Guangxi，China
79	Zheng Lihua	Deputy Director，Environmental Protection Bureau of Fangchenggang，Guangxi，China
80	Liang Xing	Deputy Director，Environmental Protection Bureau of Fangchenggang，Guangxi，China
81	Shu Zhongchang	Deputy Director，Environmental Protection Bureau of Guilin，Guangxi，China
82	Wu Guanghui	Deputy Director，Environmental Protection Bureau of Guigang，Guangxi，China
IV. Guest Speakers		
83	Bindu N. Lohani	Vice President，Asian Development Bank
84	Young-Woo Park	Regional Director and Representative，UNEP Regional Office for Asia and the Pacific

No.	Name	Organization and Position
85	DATO SRI Lim Haw-Kuang	Executive Chairman，Shell（China） Limited
86	Xia Guang	Director-General，Policy Research Center for Environment and Economy，MEP，China
87	Fan Yuansheng	Vice President，China Association of Environmental Protection Industry，MEP，China
88	Daniel J.Dudek	Vice President，Environmental Defense Fund
89	Lin Zhongyong	Vice General-Manager，EPSON（China） Co.，Ltd.
90	Liu Hongpeng	Chief，Energy Security and Water Resources Section，Environment and Development Division，UNESCAP
91	Wei Wei	General Manager，International Affairs，Beijing Sound Group
92	Nong Lifu	Administrative Deputy Director，Institute of Southeast Asian，Guangxi Academy of Social Sciences
V. International Organizations and Other Countries		
93	Paul J. Heytens	Country Director，PRC Resident Mission，Asian Development Bank
94	Li Xue	Secretary，Asian Development Bank，PRC Resident Mission
95	Zhang Wenjuan	UNEP China Office
96	Takenori Nasu	Representative，JICA China Office
97	Husile	Assistant Director，JICA China Office
98	Timothy Hamlin	Research Analyst，The STIMSON center，U.S.A
99	Zach Willey	Economist，Environmental Defense Fund
100	Sun Fang	Project Manager，Environmental Defense Fund
VI. Other Chinese Agencies		
101	Jiang Jiqing	Director，Department of International Trade and Economic Affairs，Ministry of Commerce，China
102	Wang Ye	Manager，China Business Council for Sustainable Development
103	Huang Dunqi	Assistant Manager，Project Department，China Business Council for Sustainable Development
104	Zhang Haibin	Director & Professor，Peking University International Organization Research Center
105	Wang Qin	Director，Xiamen University Southeast Asian Research Center
106	Zhuang Ping	Deputy Director，Chief Scientist，Hunan Yonker Environmental Protection Research Institute Co.，LTD.
107	Chen Ping	Shanghai Institute for Design& Research on Environmental Engineering
108	Wang Man	Shanghai Institute for Design& Research on Environmental Engineering
109	Zhou Xiaokang	Director，Yixing Environmental Protection Industry Development Center.

No.	Name	Organization and Position
110	Mao Dongli	Deputy Director General，Department of Environmental Protection of Hainan，China
111	Huang Wenmu	Deputy Director General，Department of Environmental Protection of Guangdong，China
112	Zhang Zhendian	Deputy Inspector，Department of Environmental Protection of Guangdong，China
113	Ou Yuezhou	President，Guangdong Association of Environmental Protection Industry，China
114	Ou Jun	Deputy Secritary General，Guangdong Association of Environmental Protection Industry，China
115	Zhang Weiwen	Engineer，Guangdong Association of Environmental Protection Industry
116	Yang Chunlin	Director，Division for International Cooperation，Shanghai Environmental Protection Bureau
117	Zhao Ximei	Director，Division for International Cooperation，Tianjin Environmental Protection Bureau
		VII. Chinese Enterprises
118	Li Jianguang	President，Shenzhen JeCh Technology Co.，Ltd.
119	Du Jiang	General Manager，Shenzhen JeCh Technology Co.，Ltd.
120	Li Zining	Vice President，Fuxingtan Investment Co.，Ltd.
121	Luo Yongquan	Board Chairman，China OVE Environmental Engineering Co.，Ltd.
122	Guo Qiang	Vice General Manager，China OVE Environmental Engineering Co.，Ltd.
123	Wang Jincheng	Director，Sales and Development Department，EPSON（China）Co.，Ltd.
124	Sun Yi	EPSON（China）Co.，Ltd.
125	Hu Xiangyu	Guangzhou Branch，EPSON（China）Co.，Ltd.
126	Yuan Jingliang	Guangzhou Branch，EPSON（China）Co.，Ltd.
127	Chen Mali	Shell（China）Limited
128	Zhao Yuebei	General Manager，Government Affairs，Shell（China）Limited
129	Alexa Sharples	Consultant，Government Affairs，Shell（China）Limited
130	Chen Yin	Business Manager，International Affairs，Beijing Sound Group
131	Zhang Weitao	Business Manager，International Affairs，Beijing Sound Group
132	Zhou Liqiang	Department Vice General Manager，CITIC Dameng mining Industries Limited
133	Fu Jingfen	Senior Consultant，Guangdong LNG Co. Ltd.
134	Huang Xiaoyun	Coordinate Commisioner，Guangdong LNG Co. Ltd.
135	Tian Shumin	General Manager，Shandong Jinan Diesel Engine LLC.

No.	Name	Organization and Position
136	Xu Chuanguo	General Manager， Shandong Jichai Green Energy Power Equipment Co.，Ltd.
137	Guo Shaogang	Sales Chief Inspector，Shandong Jichai Green Energy Power Equipment Co.，Ltd.
138	Zhu Zaijun	Director and General Manager，Guangxi Jingyu Environmental Engineering LLC.
139	Shen Yukang	General Manager，Guangxi lukang Environmental Protection Co.，Ltd.
140	Hu Quanbao	Chief Inspector，Guangxi Tianyuan Biochemistry LLC.
141	Pan Yuandong	President ， Guangxi Yuda Water Treatment Equipment Engineering Co.，Ltd.
142	Li Ming	Assistant President，Guangxi Yueyong Materials Recycling and Renewable Energy Co.，Ltd.
143	Luo Haofu	Administrative Board Chairman ， Guangxi Shenzhou Environmental Protection Facility Operation LLC.
144	Li Ming	Administrative Vice President，Guangxi Shenzhou Environmental Protection Facility Operation LLC.
145	Ye Lingyu	Board Chairman， Guangxi Y&H Environmental Protection Engineering Co.，Ltd.
146	Deng Bin	Chief Engineer，1st Installation Co.，Ltd.，Guangxi Construction Engineering Group
147	Li Jianhui	Chief Inspector of International Cooperation Engineering， Guangxi Luzhou Thermal Power Equipment Co.，Ltd.
148	Shi Qin	General Manager，Guangxi Weibang Environmental Tech. Co.，Ltd.
149	Yan Hongbing	Vice General Manager，Guangxi Lucheng Water Affairs LLC
150	Lan Xianzhou	Chief Engineer，Guangxi Guitang（Group） LLC
151	Li Xu	General Manager，Guangxi Kehui Environmental Tech. Co.，Ltd.
152	She Dan	Dirctor， Department of Environmental Protection， Guangxi Qinfenyu Environmental Engineering Group Co.，Ltd.
153	Wei Haijian	Board Chairman ， Guangxi Huataitongyi Environmental Protection Tech. Co.，Ltd.
154	Ling Yaojia	Production General Manager，Guangxi Dongya Paper Industry Co.，Ltd.
155	Ling Yijin	General Manager，Guangxi Dongmennanhua Sugar Industry Co.，Ltd.
156	Chen Sheng	Production Vice General Manager，Guangxi Dongmennanhua Sugar Industry Co.，Ltd.
157	Shi Xuzhong	General Manager，Guangxi Taide Environmental Protection Co.，Ltd.

No.	Name	Organization and Position
158	Lin Helan	Vice General Manager，Guangxi Taide Environmental Protection Co.，Ltd.
159	Liu Qiang	Board Director & General Manager，Guangxi Zhigao Investment Co.，Ltd.
160	Li Ming	Board Chairman，Guangxi Gettop Science & Tech. Co.，Ltd.
161	Wu Lan	General Manager，Guangxi Gettop Science & Tech. Co.，Ltd.
162	Hu Hualin	Chief Engineer，Guangxi Gettop Science & Tech. Co.，Ltd.
163	Qin Xiaojie	Chief Engineer，Guangxi Gettop Science & Tech. Co.，Ltd.
164	Jiang Bin	Assistant Manager，Guangxi Gettop Science & Tech. Co.，Ltd.
165	Wang Chuan	Guangxi Gettop Science & Tech. Co.，Ltd.
166	Liu Ying	Guangxi Gettop Science & Tech. Co.，Ltd.
167	Da Yaping	General Manager，Nanning Jiangshanduojiao Environmental Protection Tech. LLC.
168	Chen Zonggang	Director，Beihai Beihai Ocean Environmental Protection Service Co.，Ltd.
169	Zeng Shaofan	General Manager，GuilinTianma Water Affair Co.，Ltd.
170	Pan Yunhong	Deputy Director，Guilin Drainage Co.，Ltd.
VIII. Secretariat of the Forum		
171	Xin Zhiwei	Deputy Director General，CAEC，MEP，China
172	Guo Jing	Deputy Director General，CAEC，MEP，China
173	Zhou Guomei	Deputy Director General，CAEC，MEP，China
174	Peng Bin	Director，CAEC，MEP，China
175	Jia Ning	Deputy Director，CAEC，MEP，China
176	Guo Dongmei	Deputy Director，CAEC，MEP，China
177	Li Xia	CAEC，MEP，China
178	Wang Yuyi	CAEC，MEP，China
179	Yang Zhenzhong	CAEC，MEP，China
180	Mao Limin	CAEC，MEP，China
181	Ding Shineng	CAEC，MEP，China
182	Shang Huijun	CAEC，MEP，China
183	Liu Yanni	CAEC，MEP，China
184	Zhao Xu	CAEC，MEP，China
185	Zhong Bing	Deputy Director General，Department of Environmental Protection of Guangxi，China
186	Jian Xingchao	Chief Engineer，Department of Environmental Protection of Guangxi，China
187	Zhou Pingshun	Department of Environmental Protection of Guangxi，China
188	Li Yiping	Department of Environmental Protection of Guangxi，China
189	Cao Boxiang	Department of Environmental Protection of Guangxi，China
190	Wang Censheng	Department of Environmental Protection of Guangxi，China

No.	Name	Organization and Position
191	Zhong Shanjing	Department of Environmental Protection of Guangxi，China
192	Wei Jiehong	Department of Environmental Protection of Guangxi，China
193	Feng Jianhua	Department of Environmental Protection of Guangxi，China
194	Yu Wanli	Department of Environmental Protection of Guangxi，China
195	Huang Pengfei	Department of Environmental Protection of Guangxi，China
196	Zhou Dong	Department of Environmental Protection of Guangxi，China
197	Tian Jing	Department of Environmental Protection of Guangxi，China
198	Chen Wei	Department of Environmental Protection of Guangxi，China
199	Long Yuemei	Department of Environmental Protection of Guangxi，China
200	Li Xingpin	Department of Environmental Protection of Guangxi，China
201	Tan Liang	Dean，Guangxi Research Academy of Environmental Science，China
202	Guo Jianqiang	Deputy Dean，Guangxi Research Academy of Environmental Science，China
203	Li Qun	Director，Guangxi Center of Environmental Education and Communication，China
204	Deng Chaobin	Director，Guangxi Environmental Protection Monitoring Station，China
205	Yang Mingsheng	Director，Guangxi Environmental Nuclear Radiations Monitoring Station，China
206	Wu Di	Guangxi Environmental Nuclear Radiations Monitoring Station，China
207	Huang Yucon	Guangxi Center of Environmental Education and Communication，China
208	Chen Yanjun	Simultaneous Interpreter
209	Chen Najing	Simultaneous Interpreter
210	Hu Rong	Simultaneous Interpreter
211	Mi Jianfeng	Simultaneous Interpretation Equipment
212	Han Yu	Simultaneous Interpretation Equipment
213	Wang Xiaofeng	Simultaneous Interpretation Equipment